总主编简介

丁 煌

武汉大学"珞珈学者"特聘教授、博士生导师

武汉大学政治与公共管理学院副院长

武汉大学公共管理硕士（MPA）教育中心主任

武汉大学公共政策研究中心主任

本书作者简介

叶汉雄，男，湖北罗田人，1966年生，副研究员，先后获得文学学士、文学硕士、管理学博士学位。参编著作2部，发表学术论文22篇，参加并完成国家级、省级社会科学研究课题5项，主持并完成省级研究课题2项。当过教师、记者、编辑，现从事决策服务工作，供职于湖北省委政策研究室，主要关注公共政策、非营利组织管理方面的研究。

公共行政与公共政策研究学术论丛
总主编 丁煌

基于跨域治理的
梁子湖水污染防治研究

叶汉雄 著

武汉大学出版社

图书在版编目(CIP)数据

基于跨域治理的梁子湖污染防治研究/叶汉雄著. —武汉：武汉大学出版社,2013.1
公共行政与公共政策研究学术论丛/丁煌总主编
ISBN 978-7-307-10375-7

Ⅰ.基… Ⅱ.叶… Ⅲ.湖泊污染—污染防治—研究—鄂州市 Ⅳ.X321.263.3

中国版本图书馆 CIP 数据核字(2012)第 307082 号

责任编辑：田红恩　　　责任校对：刘　欣　　　版式设计：马　佳

出版发行：武汉大学出版社　　（430072　武昌　珞珈山）
（电子邮件：cbs22@whu.edu.cn　网址：www.wdp.com.cn）
印刷：湖北睿智印务有限公司
开本：720×1000　1/16　印张：15　字数：215 千字　插页：3
版次：2013 年 1 月第 1 版　　2013 年 1 月第 1 次印刷
ISBN 978-7-307-10375-7/X·36　　　　定价：31.00 元

版权所有，不得翻印；凡购我社的图书，如有质量问题，请与当地图书销售部门联系调换。

总　序

"公共行政"是英文"Public Administration"一词的汉译,在我国大陆地区,为了避免不必要的意识形态上的联想以及对"管理"问题的重视,人们在传统上也习惯于将其称为"行政管理"或"公共行政管理",自20世纪90年代末以来,随着我国国务院学位委员会新颁布的《授予博士、硕士学位和培养研究生的学科、专业目录》中公共管理一级学科的增设,尤其是公共管理硕士(MPA)专业学位项目在中国的设立和发展,也有人将其译为"公共管理"。

作为一种专门以社会公共事务为管理对象的社会管理活动,公共行政具有十分悠久的历史,无论是在东方国家,还是在西方世界,自古都不乏公共行政的思想。然而,这些早期的公共行政思想因缺乏系统化和理论化而尚未成为一种专门的学科,公共行政真正形成一个相对完整的理论体系,成为一门独立的学科,则是在特定的社会历史背景下于19世纪末20世纪初首先在美国产生,然后迅速扩及西方各国的,其产生的公认标志便是曾任普林斯顿大学校长的美国第28届总统伍德罗·威尔逊于1887年发表在《政治学季刊》上公开主张政治与行政分离，第一次明确提出应该把公共行政当作一门独立的学科来进行研究的《行政学研究》一文。在之后的一百多年里，公共行政学在西方历经初创、演进、深化、拓展等主要阶段的发展历程，日渐成熟，迄今已经成为一门既具有丰富的理论内涵，又不乏重要的实践价值的综合性学科。

在中国，现代意义上的公共行政学起步相对较晚，作为一门独立学科的公共行政学从根本上来说实属"舶来品"，而且，公共行政学在我国的大陆和港台地区的发展情况也有很大的差异。

在我国的香港和台湾地区，由于众所周知的原因，它们的政府管理体制、高等教育体制以及学术研究体制更多地是受到英国和美国的影响，它们高等学校公共行政学专业的人才培养体系基本上是对英美相应专业人才培养体系的沿袭和移植，尤其是它们的专业师资队伍和学术研究队伍大多要求在英美等西方发达国家受过系统的专业学习和训练，他们基本上可以及时地了解英美等西方发达国家公共行政学发展的最新研究成果，客观地讲，我国香港和台湾地区的公共行政学一直都处在对英美公共行政学的跟踪发展过程之中，其公共行政学的发展水平与英美等西方发达国家相差不是很大。

在我国大陆，尽管新中国成立以后中国共产党及其领导的人民政府从我国国情和不同阶段的不同任务出发，对改善我国的行政管理状况作出了巨大的艰苦努力并且积累了一定的行政管理的历史经验和教训，但是，由于众所周知的原因，作为一门学科的公共行政学却在1952年我国高校院系调整时与某些学科一样被撤销了。实事求是地讲，这在相当程度上影响了我国政府行政管理科学化的进程，也影响了我国公共行政学的历史积累和发展，更影响了我国公共行政理论与实践的有效结合。

客观地说，在我国大陆，关于公共行政的学科研究是改革开放的产物，公共行政学也是伴随着中国改革开放的进程而勃兴的。1979年3月30日，邓小平在理论务虚会上谈到了至今中国政治和行政学界依旧难忘的一段话："政治学、法学、社会学以及世界政治的研究，我们过去多年忽视了，现在需要赶快补课（邓小平：《邓小平文选》（第2卷），人民出版社1994年版，第180~181

页)。"中共十一届三中全会以来,经过拨乱反正,纠正"左"的错误,为政治学、法学、社会学以及行政学等社会科学的恢复和繁荣发展创造了良好的政治条件。1980年12月中国政治学学会的成立,酝酿了恢复和发展公共行政学的氛围,一些研究者开始公开撰文呼吁和讨论有关公共行政学的问题。1982—1984年我国行政改革过程中暴露出来的缺乏系统的科学行政管理理论指导的缺陷,则对恢复和发展公共行政学提出了现实要求。这就从理论和实践两个方面为恢复和发展公共行政学创造了充分的条件。自此,公共行政学这门学科得到了非常迅速的发展,受到了党和国家领导同志的高度重视。1984年8月,国务院办公厅和当时的劳动人事部在吉林联合召开了行政管理学研讨会,发表了《行政管理学研讨会纪要》。9月,国务院办公厅正式发文,号召各省、市、自治区政府高度重视公共行政学的研究,并于该年年底成立了中国行政管理学会筹备组,进而开创了公共行政学研究的新局面。1985年,当时的国家教育委员会决定在我国的高等教育体系中设置行政管理本科专业并且选定武汉大学和郑州大学作为试点高校,并于1986年正式招生。随后,在全国范围内很快掀起了一股学习和研究行政管理学的热潮,不少大学和研究单位也相继设置了行政管理学专业或开设了行政管理学课程,同时成立了一批行政管理干部学院,行政管理学甚至被视为我国几千万党政干部的必修课程。1988年10月13日,中国行政管理学会正式成立,并且发行了会刊《中国行政管理》,标志着公共行政学作为一个独立学科已获得公认并明确肯定下来,也标志着中国公共行政学的恢复和重建工作初战告捷。进入20世纪90年代以来,特别是伴随着社会主义市场经济体制的建立和经济全球化进程的加快,我国的公共行政学研究以加速度的节律迅速发展,表现为学科体系、学科分化、应用研究不断扩大和深入,尤其是研究领域开始触及世界公共行政研究的某些前沿问题。可以这么说,改革开放每前进一步都对公共行政学理论提出了新的要求,更推动了中国公共行政学的理论创新和学科发展。

回眸中国公共行政学二十多年的发展历程,我们不难发现,中国的公共行政学从无到有、逐步完善,无论是对西方公共行政学研究成果的引介，还是对中国行政管理学理论体系的探索，无论是对学科基础理论的建设，还是对现实行政管理问题的研究，都取得了可喜的成绩，迄今为止，不仅基本上确立了行政管理学的理论框架，取得了斐然的科研成果，而且还形成了从专科、本科、硕士研究生和博士研究生以及博士后研究等多层次的相对完备的专业人才培养体系，为我国的社会主义现代化建设作出了重要贡献。

鉴于公共行政学在西方起步较早且有长期的理论积累，而且，在对社会公共事务进行管理的公共行政过程中，公共政策愈来愈发挥着重要作用，它通过改变社会公众的预期而激励、约束、引导着其行为；通过制定和实施特定的行为准则而改变、调整和规范社会公众之间的利益关系；通过解决公共问题而维护、增进和分配社会公共利益。正是通过公共政策的有效运作，社会公共生活才能保持稳定和谐的发展局面。不管是在哪种政治体制和政治文化背景下，不仅公共政策是政府实施公共行政的主要手段和方法，而且公共政策的制定和实施都是公共行政管理活动必不可少的组成部分。因此，作为我国最早开办行政管理专业的高校之一，我所在的武汉大学较早地在其行政管理专业的研究生教育中设置了比较公共行政和公共政策的研究方向，尤其是在博士研究生培养层次上，为了拓展行政管理专业博士研究生的"国际视野"和坚持行政管理学科研究的"政策导向"，我本人多年来一直在"比较公共行政管理"和"公共政策的理论与实践"这两个研究方向招收和培养博士研究生，在业已毕业的博士研究生中，有不少学生已经成长为公共行政实务部门的中坚力量和行政管理专业教学与研究机构的学术骨干，本学术论丛所结集出版的研究成果便是我培养的部分博士研究生的博士学位论文。

改革开放以来，伴随着中央向地方以及政府向社会的分权和放权，特别是市场经济体制带来的利益多元化格局的形成，诸如"上有政策、下有对策"，"政策走样"等公共政策过程中的执行问题在我国现阶段已经引起了政界和学界的广泛关注。**定明捷博士的《转型期政策执行治理结构选择的交易成本分析》**一书以"政策执行鸿沟"为对象，以理论分析为起点，以实证研究为支撑，以交易成本理论为分析工具，以乡镇煤矿管制政策为研究案例，借鉴和吸收委托代理、资源依赖等理论观点，详细分析了"政策执行鸿沟"产生的内在机制，从中央政府的角度分析了中央政府是如何选择不同的治理结构来消解"政策执行鸿沟"现象的，着重阐释了中央政府选择治理结构的理论依据及其效果。该书的研究表明，虽然转型期频频出现"政策执行鸿沟"现象，中央政府仍然有能力应对地方政府选择性执行中央政策的行为，尤其是那些被中央政府优先考虑的政策领域。而且，作者在书中在对中央政府在政策执行治理结构调整方面的不完善之处进行深入剖析的基础上提出了颇具参考价值的政策建议。

协调是组织高效运行的必要前提，政府组织更不例外，协调的缺失不仅会导致政府组织产生功能和权力及资源等碎片化，而且更会产生信息不对称、条块分割、各自为政、孤岛现象及信任危机等阻碍政府组织整体性运作和绩效提升的棘手问题。**曾凡军博士的《基于整体性治理的政府组织协调机制研究》**一书在广泛吸收和借鉴学界相关研究成果的基础上，恰当地运用当代公共行政与公共政策研究领域的最新成果——整体性治理及其相关理论为分析工具，基于对政府组织协调困境之表象和生成机理的阐释和对政府组织协调困境之救治策略的勾勒，建构起由整体性结构协调机制、整体性制度协调机制和整体性人际关系协调机制组成的整体性政府组织协调机制。

新疆生产建设兵团是我国在特定的社会历史背景下产生的一种特殊的行政管理体制，改革开放以来，随着我国经济社会体制的转型，传统意义上的兵团体制愈来愈面临着新的挑战。**顾光海博士的《现代组织理论视阈下兵团体制转型研究》**一书以理论分析为起点，以实证研究为支撑，以新制度主义组织理论为基础，借鉴和吸收自然选择理论、资源依赖理论的观点，以组织同构理论为基本分析工具，对新疆生产建设兵团体制的发生机制、成长机制以及转型路径进行了系统的分析和深入的研究。作者在广泛的实证调查和深入的理论分析基础上认为，作为党、政、军、企合一的特殊性组织，新疆生产建设兵团是履行屯垦戍边使命的有效载体，尽管兵团的特殊体制会伴随着其屯垦戍边的历史使命而继续存在和发展下去，但是这种体制需要调整和改革，以适应环境的变化；兵团体制的转型要在保持兵团基本体制大框架不变的原则下进行，兵团体制应从宪政制度、功能重心、组织管理结构和运行机制等方面进行调整和改造；特别建制地方政府模式可以成为兵团体制转型的方向选择。

湖泊水污染防治是一个世界性难题，更是一个典型的跨域公共治理问题。叶汉雄博士的《基于跨域治理的梁子湖水污染防治研究》一书以位于武汉城市圈腹地的全国十大淡水湖之一——湖北省梁子湖水污染防治为例，对当今世界日益增多且错综复杂的跨区域、跨领域、跨部门社会公共事务管理问题进行了颇具价值的探讨。作者基于对跨域治理理论的系统梳理，客观地描述了梁子湖水污染防治的现实状况，深入地剖析了梁子湖水污染防治困难的根本原因，正确地借鉴了国内外湖泊水污染防治的成功经验，系统地探讨了梁子湖水污染跨域治理的对策建议。作者沿着"现状——原因——对策"的逻辑主线，通过对梁子湖水污染防治的实证研究，全面地阐释了跨域公共事务在治理主体、治理信任度、治理合作等方面存在的问题及原因，有针对性地提出了解决跨域公共治理问题的路径选择。

当前，我国各类安全事故此起彼伏，人员伤亡极其惨重，这一严峻的职业安全与健康形势不仅引起了政界的高度关注，而且形成了学界的研究热潮。郑雪峰博士的**《我国职业安全与健康监管体制创新研究》**一书以我国现阶段严峻的职业安全与健康形势为背景，以制度变迁理论为分析工具，从组织结构设置、职能划分、权力配置和行政运行机制等四个维度，全面梳理了我国职业安全与健康监管体制从计划经济时代到市场经济时代的变迁历程，客观描述了现阶段我国职业安全与健康监管体制存在的主要问题，并在此基础上恰当地运用由戴维·菲尼总结的制度安排的需求和供给分析框架，系统地分析了影响我国职业安全与健康监管体制创新的制度需求因素和制度供给因素以及我国职业安全与健康监管体制由非均衡状态向均衡状态变迁的内在动力、变迁主体、变迁方式及变迁过程,进而科学地提出了我国职业安全与健康监管新体制的制度设计框架及其具体实现路径。

当下,中国的城市化已进入了加速期,工业化创造供给,城市化创造需求,城市化有助于解决中国经济长期以来依赖出口,内需不振的问题。洪隽博士的《城市化进程中的公共产品价格管制研究》一书基于对城市与城市化概念的内涵界定和对工业化与城市化之间的关系阐释,得出了城市化是经济社会发展的必然趋势,总结了中国城市化出现的环境污染、交通拥挤等主要问题,进而引申出价格管制政策在城市化进程中的重要作用。作者认为,随着广大市民对公共产品的需求持续上升,政府可以通过科学的价格管制来保证公共产品的有效提供及服务质量的改善,科学的价格管制能够有效增加公共产品供给,运用差别价格政策可控制和平衡有效需求。在作者看来,价格管制属于政府经济性管制的一种重要形式,它的理论基础主要是公共产品理论、政府管制理论、博弈论以及激励性管制理论等,用者付费则把价格机制引入公共服务中。作者力图从公共管理而不是经济学的角度去研究价格管制问题,他不仅提出了解决城市化过程中出现的环境污染、交通拥挤等问题需要双向思维——增加公共产品的供给和减少有效需求等创新观点,而且强调指出,只有发挥价格机制在城市基础设施、公交优先、环境保护方面的积极作用,引入竞争和激励机制,促进企业加强成本约束,才能推进城市的可持续发展。

社区是社会的细胞,是建设和谐社会的基础。随着经济社会的发展和城市化进程的加快,城市的范围在不断扩大,"村改居"社区数量也在不断增加。"村改居"社区如何治理,不仅成为新形势下社区管理工作者必须解决的难题,更是我国现阶段社会管理体制创新的重要内核。黄立敏博士的《社会资本视阈下的"村改居"社区治理研究》一书是运用当代公共行政与公共政策研究领域流行的社会资本理论探讨"村改居"社区治理的一项实证研究。作者认为,社会资本是一个具有概括力和解释力的概念,尤其是对于以"差序格局"和熟人关系网络为特征的"村改居"社区具有天然的契合,社会资本是"村改居"社区中最重要的传统因素,它在"村改居"社区治理中发挥着重要作用。在本书中，作者通过对深圳市宝安区的"村改居"社区在其社区治理体制变革前后变化的实证研究，系统地考察了在"村改居"社区治理过程中，社会资本如何发生影响和作用，"居站分设"模式下社会资本出现怎样的变化，这些变化带来哪些影响，进而揭示过渡型的社区——"村改居"社区治理中社会资本的重要性，最后得出结论：保持"村改居"社区社会网络，借助"村改居"的社会资本，加大对"村改居"社区建设的投入，实行以党组织为核心的多组织共治，是"村改居"社区推进公众参与和节约政府管理成本，实现社区善治的共赢途径。

在此需要强调指出的是，作为这套学术论丛中各位作者的博士指导教师，一方面，我为他们顺利地完成博士研究生学业、通过博士学位论文答辩并获得博士学位，尤其是能够在博士论文基础上出版专著，由衷地感到欣慰和自豪；另一方面，我所能给予他们的更多的是基于我职业经验的"两方"指导，即"研究方向"和"研究方法"方面的指导，至于每一篇博士论文的主题研究领域，具有专门研究的各位作者才是真正拥有"话语权"的"专家"，我衷心地祝愿各位作者继续在各自的专长领域不懈努力，取得更多、更辉煌的成就！

最后，作为这套学术论丛的总主编，我非常感谢武汉大学出版社领导王雅红女士以及胡国民先生等各位编辑为本套丛书的编辑和出版所付出的宝贵心血；我还真诚地希望读者能够给我们提供宝贵的批评意见，以推动我们在人才培养和科学研究方面有新的突破；作为公共行政与公共政策研究领域的一名学者，我坚信，伴随着我国改革开放和社会主义现代化建设事业的进一步推进，作为一门方兴未艾的学科，公共行政学必将在理论研究、学科发展、人才培养、为党和政府提供决策咨询和智力支持等方面继续焕发出勃勃生机，显现出更为强大的生命力，发挥出更加重要的作用！

丁　煌
2013 年元旦于珞珈山

目 录

绪 论 ·· 1
 一、选题的研究意义 ··· 2
 二、选题的研究现状 ··· 5
 三、试图达到的目标 ··· 26
 四、本书的研究方法 ··· 26
 五、结构安排与创新点 ·· 27

第一章 梁子湖水污染跨域治理的理论分析 ·························· 29
 第一节 跨域治理理论 ·· 29
  一、跨域治理的概念阐释 ·· 30
  二、跨域治理的理论渊源 ·· 34
  三、跨域治理的重要作用 ·· 40
 第二节 梁子湖水污染防治 ·· 43
  一、水污染防治的含义 ··· 43
  二、梁子湖水污染情况 ··· 45
  三、梁子湖水污染防治的重大意义 ································ 51

第三节　梁子湖水污染跨域治理的必要性 …………………… 54
　　一、行政区划对跨域水污染治理的制约 ………………… 54
　　二、科层制治理对跨域水污染防治的失灵 ……………… 57
　　三、市场机制对跨域水污染防治的局限 ………………… 60
本章小结 …………………………………………………………… 63

第二章　梁子湖水污染治理的现实状况 …………………………… 64
第一节　梁子湖水污染治理的历程回顾 ………………………… 64
　　一、分散治理阶段 ………………………………………… 65
　　二、重点治理阶段 ………………………………………… 66
　　三、全面防治阶段 ………………………………………… 67
第二节　梁子湖水污染治理的主要做法 ………………………… 69
　　一、流域四市政府各有工作重点 ………………………… 69
　　二、省直相关部门积极参与 ……………………………… 72
　　三、制定实施相关地方性法规 …………………………… 75
　　四、新闻媒体追踪报道 …………………………………… 76
第三节　梁子湖水污染防治存在的问题 ………………………… 78
　　一、水污染形势依然严峻 ………………………………… 78
　　二、沿湖基层政府认识不一致 …………………………… 80
　　三、管理机制不够完善 …………………………………… 81
　　四、区域合作不力 ………………………………………… 82
本章小结 …………………………………………………………… 82

第三章　梁子湖水污染治理存在问题的原因剖析 ………………… 84
第一节　治理主体比较单一 ……………………………………… 84
　　一、以地方政府力量为主 ………………………………… 85
　　二、企业作用发挥不够 …………………………………… 87
　　三、非营利组织力量单薄 ………………………………… 89
　　四、社会公众参与不够 …………………………………… 92
第二节　治理主体之间信任度不高 ……………………………… 95
　　一、信任是跨域治理的核心要素 ………………………… 95

二、当前社会信任普遍缺失 …………………………………… 99
　　三、治理主体之间相互信任不够 …………………………… 102
　第三节　治理主体合作机制不完善 ……………………………… 103
　　一、合作是跨域治理的核心内容 …………………………… 104
　　二、地方政府之间合作机制不完善 ………………………… 107
　　三、政府与其他主体间合作机制不完善 …………………… 111
　本章小结 …………………………………………………………… 112

第四章　国内外湖泊水污染跨域治理的经验启示 ………………… 114
　第一节　国内湖泊水污染跨域治理的情况 ……………………… 115
　　一、太湖水污染治理情况 …………………………………… 115
　　二、巢湖水污染治理情况 …………………………………… 124
　　三、滇池水污染治理情况 …………………………………… 128
　第二节　国外湖泊水污染跨域治理的经验 ……………………… 134
　　一、日本琵琶湖水污染治理经验 …………………………… 135
　　二、北美五大湖区水污染治理经验 ………………………… 141
　第三节　国内外湖泊水污染跨域治理的经验启示 ……………… 147
　　一、单纯依靠政府发挥主导作用不足以防治水污染 ……… 148
　　二、非营利组织是湖泊水污染治理的重要主体 …………… 151
　　三、公众参与是湖泊水污染治理的重要保障 ……………… 154
　　四、合作协调机制直接影响湖泊水污染治理效果 ………… 156
　本章小结 …………………………………………………………… 159

第五章　梁子湖水污染跨域治理的对策建议 ……………………… 161
　第一节　树立多元治理理念 ……………………………………… 161
　　一、政府是核心治理主体 …………………………………… 162
　　二、治理主体需要多元化 …………………………………… 165
　第二节　培育跨域治理新主体 …………………………………… 168
　　一、督促企业履行环保责任 ………………………………… 168
　　二、支持非营利组织发展 …………………………………… 169
　　三、提高社会公众治理能力 ………………………………… 170

第三节　建立伙伴关系……………………………………… 172
　一、地方政府之间建立伙伴关系………………………… 172
　二、地方政府与企业建立伙伴关系……………………… 175
　三、地方政府与非营利组织建立伙伴关系……………… 178
　四、地方政府与社会公众建立伙伴关系………………… 181
　五、非政府治理主体之间建立伙伴关系………………… 183
第四节　综合运用多种治理工具…………………………… 185
　一、颁布实施法律规章…………………………………… 186
　二、严格执行公共政策…………………………………… 190
　三、建立健全行业规范…………………………………… 193
　四、学习运用对话协商…………………………………… 195
本章小结……………………………………………………… 200

结论与展望…………………………………………………… 201

参考文献……………………………………………………… 203
后　　记……………………………………………………… 227

绪　论

改革开放以来，在行政分权的行政管理体制改革影响下，我国地方政府的经济发展积极性得以充分调动，经济建设取得巨大成绩；与此同时，当代社会也是公共事务和公共问题日渐增多的社会，错综复杂的跨域公共问题大量出现。面对大量跨区域、跨部门、跨领域的社会公共事务，仅仅依靠单一的地方政府已经无力解决。跨域治理理论的兴起和发展，为处理这类跨域公共问题提供一种崭新的理论视角和有效的治理模式。

梁子湖水污染是跨行政区的水污染，因为流域的整体性和行政区划分割间的矛盾，不同的地方政府在水污染防治的博弈中难以合作，致使跨行政区域水资源管理和水污染治理效果不尽如人意，水污染防治仍然任重而道远。多年的水污染防治实践证明，传统的按行政区划各自治理水污染的科层制治理模式已经无法有效解决跨域水污染问题，需要寻找新的行之有效的治理方式。

本书在系统梳理跨域治理理论的基础上，阐述了对梁子湖水污染进行跨域治理的必要性，描述了梁子湖水污染防治的现实状况，剖析了梁子湖水污染防治困难的原因，借鉴国内外湖泊水污染防治的经验，提出了梁子湖水污染跨域治理的对策建议。本书的研究结论，不但能够为梁子湖水污染治理提供操作思路，为湖北省和梁子湖流域四市政府决策提供理论基础，而且能为其他湖泊水污染防治提供借鉴，具有较强的现实意义。同时，本书的研究也能丰富完善跨域治理理论，其研究结论能为跨域治理理论的可信度提供支持，具有一定的理论意义。

一、选题的研究意义

改革开放以来，我国以粗放型增长方式推进工业化和城市化高速发展，这导致我国水生态和水环境形势日益严峻。2011年6月3日国家环境保护部公布的《2010年中国环境状况公报》显示，全国地表水污染情况依然比较严重。长江、黄河、珠江、松花江、淮河、海河和辽河七大水系总体呈轻度污染状况，湖泊（水库）富营养化问题突出。在26个国控重点湖泊（水库）中，营养状态为重度富营养的1个，占总数的3.8%；中度富营养的2个，占总数的7.7%；轻度富营养的11个，占总数的42.3%；其他均为中营养，占总数的46.2%。① 水环境质量下降甚至恶化，进一步加剧了水资源的紧张和缺乏，对城乡居民身体健康和安全饮用水源构成威胁，影响着经济社会的持续、协调、健康发展。我国已经进入大范围生态退化和复合型环境污染的新阶段，水资源安全问题越来越严重，水污染、水短缺、水浪费三种现象并存，成为制约我国经济社会发展的一个重要瓶颈。

湖北是水资源大省，长江、汉水穿境而过，湖泊河港星罗棋布，是世界闻名的"千湖之省"、名副其实的"千库之省"。全省面积在100亩以上的湖泊达800多个，湖泊总面积达2983.5平方公里；全省5公里以上的河流4228条，河流总长达5.92万公里；全省共有各类水库5858座；全省湿地面积达156.3万公顷，占土地总面积的34%。湖北是举世闻名的三峡工程所在地，是举足轻

---

① 2010年中国环境状况公报，国家环境保护部网站，http://www.zhb.gov.cn，2011-06-03。

重的南水北调中线工程核心水源区。

湖北"优于水",同时也"忧于水"。全省可利用的水资源存在着严重的时空分布不均衡性,水资源保护的现状是局部有所好转,整体趋向恶化,水安全问题十分突出。全省河流水质明显好于全国七大水系水质总体水平,劣于Ⅲ类水的河长占总评价河长的比例,由2006年的28.4%下降为2008年的16.9%。其中,长江、汉江干流水质总体为优,明显好于中小河流;污染水体主要集中在城市河段和部分支流;汉江支流水质总体属中度污染。全省湖泊水质总体属于中度污染。水库水环境总体优于湖泊。① 全省水资源保护面临的主要问题是:城市水污染严重,农村面源污染日益突出,农村饮用水安全任重道远,水生态破坏严重,水资源供需缺口日益增大,大型水利工程带来一定负面影响。

梁子湖是武汉市后备饮用水源地,武汉城市圈的重要生态屏障,在湖北经济社会发展战略布局中具有重要地位。21世纪以来,湖北省委、省政府高度重视梁子湖水污染防治和生态环境保护,流域四市政府和省直有关部门积极行动,梁子湖水污染防治取得初步成效。2010年5月7日,国家环境保护部将梁子湖作为水质成功恢复的代表性湖泊,梁子湖与代表黄河流域富营养化湖泊转好的乌梁素海、代表高山深水湖泊的抚仙湖一起作为"新三湖",被纳入国家重点湖泊水库生态安全调查及评估专项,担当起了示范全国的重任。② 但是,水污染具有跨域性,水污染防治是一个系统工程,梁子湖水环境仍然存在多方面隐忧,梁子湖水污染防治任务依然十分艰巨。

梁子湖水污染防治,与其他水污染防治一样,大致涉及三大问题,一是资金问题;二是技术问题;三是管理问题。本书专门研究梁子湖水污染防治的管理情况,从跨域治理的理论视角进行观察探

---

① 湖北省水资源公报(2008年度),湖北省水利厅网站,http://www.hubeiwater.gov.cn, 2009-11-26.

② 刘长松,李新龙.国家试点湖泊生态环境保护,梁子湖入围首批名单[N].湖北日报,2011-09-08.

讨，分析其现实工作中取得的成效和存在的不足，并借鉴国内外湖泊水污染防治的经验，为进一步做好水污染防治工作提出对策建议。对梁子湖水污染防治问题进行系统的、深入的研究，既具有重大的现实意义，又具有长远的理论意义。

（一）现实意义

对梁子湖水污染防治问题进行系统深入的研究，有利于梁子湖水污染防治工作的有效开展。根据梁子湖水污染防治实践，找出防治不足的症结所在，对症下药，提出做好水污染防治工作的对策，从而促进水污染防治工作取得更好效果。梁子湖的水质状况和生态安全，直接关系着周边地区数百万人民群众的饮水安全，关系着人民群众的身体健康。梁子湖不仅是沿湖居民的饮用水源地，还是武汉市、鄂州市、黄石市唯一的后备饮用水源地，梁子湖的水质状况间接与数千万居民的生活质量相关。梁子湖还是重要工业和农业水源地，每年供应武钢、鄂钢和大冶、金山店、程潮、乌龙泉矿山等工矿企业用水 2.49 亿立方米，灌溉受益农田近百万亩。梁子湖是武汉城市圈的重要生态屏障。梁子湖处于武汉、鄂州、黄石这个城市圈经济、人口最为密集的区域，对缓解经济密集区的发展给生态带来的压力，形成城市圈基本生态框架和生态调节功能，具有不可替代的作用。解决好梁子湖水污染防治问题，直接关乎武汉城市圈人民群众的生活质量，关乎区域经济社会和谐、健康、可持续发展。

对梁子湖水污染防治问题进行系统深入的研究，有利于淡水湖水污染防治工作的深入开展。长江中下游是淡水湖分布最密集的区域。全国面积大于 10 平方公里的淡水湖泊有 210 个，其中 132 个分布在长江中下游，占总数的 63%。[①] 长江中下游的淡水湖泊污染严重，全部处于富营养化状态，水质持续下降。这些淡水湖与梁子湖所处地理环境相同，水污染产生的原因相似，治理难度相近。梁子湖水污染防治的做法和经验，可以广泛运用于长江中下游淡水湖

---

① 施勇峰，凌军辉. 还有多少湖泊潜伏环境危机？谁来负责［N］. 经济参考报，2007-06-15.

水污染防治，有利于这些淡水湖泊水污染防治工作的深入开展。

对梁子湖水污染防治问题进行系统深入的研究，有利于全国水污染防治工作的持续开展。梁子湖水污染防治工作的措施和经验，对全国其他湖泊水污染防治和湖泊保护工作具有直接指导意义。湖泊、河流的水污染防治如果取得实效，就为保护水资源作出了贡献。在加快转变经济发展方式、努力建设资源节约型和环境友好型社会的今天，防治水污染、保护水资源具有特别突出的现实意义。

（二）理论意义

本书的研究能够完善跨域治理理论。跨域治理理论还处于发展阶段，需要一个完善的过程。本书在全面梳理跨域治理的概念、渊源、作用的基础上，提出跨域治理有政府、企业、非营利组织、社会公众等四个治理主体，治理主体之间需要建立伙伴关系，需要运用法律规章、公共政策、行业规范、对话协商等四种治理工具。这些观点丰富和完善了跨域治理理论。

本书的研究能够从实证方面对跨域治理理论进行验证。当代社会公共事务日益增多，公共事务的跨域性特点日益突出。面对诸多跨域公共事务和公共问题，传统科层制治理模式和市场治理模式的弊端愈来愈明显，其治理需要跨域治理理论的指导。结合湖泊水污染防治这种典型跨域公共问题的研究，其结论对跨域治理理论的可信度提供了支持。

二、选题的研究现状

长期以来，生态环境问题都是理论界研究的热门问题，国内外研究者在这方面的著述颇丰，不胜枚举。近些年来，随着治理理论的兴起和发展，研究跨域水污染治理的论文开始出现。本书从跨域治理的视角研究梁子湖水污染防治问题，涉及的重要内容有跨域治理理论、跨域水污染防治、湖泊水污染防治、梁子湖水污染防治等。下面就与本书密切相关的跨域治理理论、跨域水污染防治、湖泊水污染防治、梁子湖水污染防治等问题，对相关研究文献进行梳理和评述。

(一) 关于跨域治理

近十几年来,我国台湾学者和大陆学者都对跨域治理理论表现出研究兴趣,进行了一系列探讨。

1. 台湾学者的研究

台湾学者在研究跨域治理理论时,主要涉及组织重组、府际关系与伙伴关系理论三个方面。一些研究者提出,通过行政区划的合并、调整来解决都会区的跨域问题,由中央政府与地方政府、地方政府之间、跨层级政府与部门进行资源整合来解决跨域治理问题。还有一些研究者将跨域治理理论用于指导社会公共事务的处理,如公共交通供给、污染物处理、重大突发公共事件应对等问题,并进行了个案研究。

(1) 组织重组方面的研究。

吴英明、李锦智(1996)将高雄市政府作为研究对象,以组织重组理论的观点,探讨地方政府的行政组织问题。他们研究过去高雄市政府在组织能力改进上所使用的模式,评估其效能,对高雄直辖市的组织重组提出了建议。① 赵永茂(1997、1999)认为地方政府自治需要在政府层级、组织设计与法律层面进行调整,以解决区域问题。② 他认为设立区域或中间政府,有助于整合及动员各地区县市相关业务与民间团体的力量,执行中央政策、开展地方自治业务,减轻地方自治所造成资源使用的浪费,减少中央与地方政府之间的冲突。纪俊臣(2004)认为,通过行政区域重新划分,有助于解决目前区域间政治冲突问题。③

(2) 府际关系理论方面的研究。

李长晏(1999)根据英国治理经验,建议通过建立水平府际互动机制、扩大推广政府塑能运动、下放权力给地方政府、推动公

---

① 吴英明,李锦智. 直辖市政府组织重组探讨——以高雄市政府为例 [J]. 中国行政评论,1996 (2).

② 赵永茂. 地方政府组织设计与组织重组问题之探讨 [J]. 政治科学论丛,1997 (8);台湾县级政府的自治监督及其检讨 [J]. 中国地方自治,1999 (11).

③ 纪俊臣. 由地方治理论区域政府可行性 [J]. 国政论丛. 2004 (1).

私部门合伙等措施,解决跨域问题。① 赵永茂(2003)探讨了地方府际关系与跨域管理的含义,考察了英、美两国有关府际关系与跨域管理的方式与限制,提出建立府际关系与跨域管理型政府的方式,认为政府应以计划导向推动发展事宜,采取领航型政策和策略。② 李长晏(2004)认为在全球治理思维下,中央政府、地方政府、私人部门彼此间所涉及的共同事项,可以通过"议题结盟"理念的建立,寻求协商解决之道。③ 他强调台湾都会区域内日益严重的区域发展问题,应该采取全局治理的途径,考量跨域事项与问题,设计应对全球化与职权转让潮流下的跨域合作治理模式。詹立炜(2005)通过制度研究与比较研究两种研究途径,讨论了英国、德国、芬兰跨域治理模式与经验,分析了台湾相关案例,提出了台湾跨域治理的理论模式与运作体制。④ 徐吉志、周蕙苹(2006)以都市治理网络为基础,认为府际关系需要根据全球化等因素的变化,构建多层次治理的组织网络,提出了都市治理网络的整合对策。⑤ 黄建铭(2006)认为过时的行政区域割裂了都会区域的生活圈,使得政府部门的施政成效事倍功半,因此跨域合作是提升政府施政效率的途径之一。⑥ 李长晏(2006)从新区域主义的观点出发,提出了考量跨行政辖区、特定功能需求、政策机动性、自治合意性等四种设计原则,针对不同的政策议题或政策类型,形成协调型区域主义、行政型区域主义、财政型区域主义、结构型区域主义

---

① 李长晏. 我国中央与地方府际关系分析:英国经验之学习[D]. 台北国立政治大学博士学位论文,2009.

② 赵永茂. 台湾府际关系与跨域管理——文献回顾与策略途径初探[J]. 政治科学论丛,2003(18).

③ 李长晏. 从全局治理论区域政府的设计[J]. 全球政治评论,2004(8).

④ 詹立炜. 台湾跨域治理机制之研究——理论、策略与个案[D]. 私立中华大学硕士学位论文,2005.

⑤ 徐吉志,周蕙苹. 都市治理之基本意含与发展——治理网络的观点[J]. 中国地方自治,2006(9).

⑥ 黄建铭. 跨域合作管理的方法与模式[A]. 东海大学跨域都会治理学术研讨会论文,2006.

等不同的合作机制。①

(3) 伙伴关系理论方面的研究。

陈立刚、李长晏 (2004) 通过新区域主义概念的研究途径,认为各地方自治团体都是公法人身份的权利主体,具有独立性与自主性,需要以合作与竞争两种策略,建立策略性伙伴关系,从而建立起都会区治理模式。② 江岷钦、孙本初等 (2004) 运用资源依赖理论、交易成本理论与生命周期理论,探讨了台湾地方政府建立伙伴关系问题,提出了台湾地方政府间建立伙伴关系的建议。③ 李长晏 (2005) 立足于现行法令,对地方政府间及公私部门之间建立策略性伙伴关系的可行性进行分析,通过运用地方治理与协力伙伴等理论,整合区域资源,建立策略伙伴关系的合作机制。④ 李长晏、詹立炜 (2005) 根据公共问题向跨区域性或跨部门化转变的趋势,提出空间伙伴的概念,以期为中部地区实行区域治理提供新的思维模式。⑤ 刘坤亿 (2006) 从新制度经济学的观点出发,探究了台湾地方政府间发展伙伴关系的制度障碍,介绍了其他先进工业化国家在区域治理方面的制度创新经验,讨论了台湾地方政府间发展伙伴关系的制度变革机会,建议以行政法人作为区域治理新机制。⑥

台湾学者对跨域治理理论进行系统总结的研究成果,是两部名

---

① 李长晏. 都会区域合作的机制设计 [A]. 东海大学跨域都会治理学术研讨会论文, 2006.

② 陈立刚, 李长晏. 全球治理: 台湾都会区治理的困境与体制建构——地方政府跨区域合作研究 [J]. 中国地方自治, 2004 (2).

③ 江岷钦, 孙本初等. 地方政府间建立策略性伙伴关系之研究 [J]. 行政暨政策学报, 2004 (38).

④ 李长晏. 组建地方策略伙伴关系之合作机制 [J]. 中国地方自治, 2005 (4).

⑤ 李长晏, 詹立炜. 中台湾区域发展之协调机制——形塑空间伙伴与区域治理之行动策略 [A]. 2005 都市及区域治理. 台湾经验学术研讨会论文集 [C]. 东海大学都市暨区域发展研究中心.

⑥ 刘坤亿. 台湾地方政府间发展伙伴关系之制度障碍与机会 [J]. 台湾民主季刊, 2006 (3).

为"跨域治理"的专著。一是林水波、李长晏所著的《跨域治理》，该书2005年由台北五南图书出版股份有限公司出版发行。①他们认为，面对崭新的时代，相关政府部门有必要运用"跨"的整合机制来搭建意见交流、行动互补、资源互用、知识分享、资讯合并的平台，进而形成应对公共事务的共识，整合各部门、各领域的资源，增强及时回应公共问题的能力，提高冲突处理、危机处置的速度、信度及效度。该书针对当前的学术发展趋势、公共问题的演化趋势、提出对应问题方案的趋势而谋篇布局，希望建构广泛参与、公平公开、对等协商及问责监督的机制或平台，以异中求同、因地制宜、因时制宜、因事制宜的原则，在公部门、私部门与民间团体之间形成同心协力的伙伴关系，致力于解决跨领域、跨行政区及跨部门的公共问题。该书第一章论述了在新时代、新潮流及新环境下，跨域治理的形成因素、已发展的相关理论以及具体可资运用的各项策略途径。第二章至第七章，分别讨论了全局治理、都会治理、党际治理、对话治理、选战治理、移植治理的具体情况，第八章探讨标杆学习在地方治理能力上的运用问题。二是林水吉所著的《跨域治理——理论与个案研析》，该书2009年由台北五南图书出版股份有限公司出版发行。② 林水吉认为，传统公共行政强调科层节制的治理模式，新公共管理强调市场治理模式，近年来登哈特等人所倡导的新公共服务，则以"信任"作为秩序形成与维护的协调工具，强调"网络社群"与"社会资本"的概念，以民主理论、策略理性、公民精神、协力合作模式、献身服务、对话理性等观念作为核心价值。尤其是登哈特在美国2001年"9·11"恐怖事件发生之后，对公共行政人员所拥有的牺牲奉献精神、所表现出的英勇行为给予高度赞赏与评价，展现出发展新公共服务的愿景，也引导出未来治理模式的发展景象，推动了跨域治理的兴起。在2003

---

① 林水波，李长晏. 跨域治理［M］. 台北：五南图书出版股份有限公司，2005.

② 林水吉. 跨域治理——理论与个案研析［M］. 台北：五南图书出版股份有限公司，2009.

年非典风暴过程中,"治理失灵"的现象,亟待各个层级的政府与企业、第三部门共同针对非典防治的公共政策议题,积极建构良善治理网络,以便有效实现政策目标。由于非典风暴引发跨越不同区域、不同层级、不同部门之间的业务、功能与权责等跨域问题,急需以跨域治理的概念加以探讨。该书共分七章,第一章为绪论,介绍研究动机与目的、研究途径与架构、研究问题与研究方法、研究范围与限制、重要名词诠释;第二章研析跨域治理,包括跨域治理的理论、策略途径、核心要素、领导与行政人员的核心能力、实务上的应用;第三章探讨跨域治理的基础工程即府际治理;第四、五章分别探讨跨域治理在非典防治、禽流感防治上的应用;第六章对跨域治理非典、禽流感进行比较;第七章为结论。以上两部学术专著都阐述了跨域治理的理论内涵,又将其用于指导解决具体公共事务,既有理论研究,又有个案分析。

　　为解决跨域公共事务和公共问题,需要采取跨域治理策略。台湾学者运用跨域治理理论,对具体公共事务的处理进行了研究。多数研究者建议地方政府通过协力合作方式,突破行政管辖区的束缚,考虑区域内共同的公共事务问题,与中央政府、民间组织一起建立策略性伙伴关系。夏铸九(2003)探讨了台北都会区垃圾处理、淡水河整治、捷运交通系统以及废弃物处理等公共问题,指出台北都会区跨域合作中存在经费分担与公共财政的外溢性、政党政治分裂等问题,认为需要通过行政区域重新划分、建立区域策略性伙伴关系来解决困境。① 汤京平、陈金哲(2005)以嘉义县市民生废弃物终端处理为例,说明县市跨域合作机制的重要,认为地方政府应主动寻找并建立伙伴关系,主动协商和处理共同利益,才能提供多元化服务,满足人民的需求。② 林水吉(2006)将跨域治理理论应用于防治非典与禽流感上,以政策网络、协力合作关系理论与

---

① 夏铸九. 区域合作 [J]. 城市发展研究,台北市政府研究发展考核委员会,2003(1).

② 汤京平,陈金哲. 新公共管理与邻避政治 [J]. 政治科学论丛,2005(23).

多层次治理理论为理论架构,提出这两个个案在跨域防治上的策略工具,说明信任是跨域治理的核心价值,认为跨域防治必须强化社区的动员力量、加强资讯公开、加强与私部门和第三部门的结合等。① 吴介英、纪俊臣(2004)指出,交通事务是跨域合作事务,中央政府向地方政府下放部分权力是府际合作的垂直关系,地方政府之间行政权力的分工是府际合作的水平关系,地方政府之间的合作协议并无法律效力,需要通过彼此间的承诺去实施,因此有必要探索跨域治理模式。②

2. 大陆学者的研究

大陆学者关于跨域治理的研究,大致集中在三个层面展开。其一,研究总结跨域治理的理论;其二,运用跨域治理理论指导解决具体公共事务;其三,以跨域治理的视角研究公共事务问题。

(1) 研究总结跨域治理的理论方面。

卓凯、殷存毅(2007)认为,区域合作是促进区域协调发展的重要形式。克服现有行政区划障碍与解决各合作方经济发展不平衡问题,是保证合作可持续发展的关键。单纯基于比较优势理论的资源配置或产业分工,解决不了这些问题,而要建立合作的制度基础。他们在总结欧盟跨界治理经验的基础上,研究区域经济合作的制度基础,提出建立符合市场经济原则的跨界治理体系,为推动区域经济合作提供一种路径参考。③ 娄成武、于东山(2011)研究了西方国家跨界治理的内在动力、典型模式与实现路径,指出随着经济全球化日渐深入,单个国家内的跨界问题日趋凸显。为应对此种跨界问题,西方学术界对跨界治理展开了颇具深度的理论分析。新区域主义学派认为跨界治理的内在动力在于经济发展,随着区域经济的发展,跨界问题会随之消失。但是实践并未如此,跨界问题反

---

① 林水吉. SARS 与 Bird Flu 跨域防治治理:经验学习观点 [A]. 开南大学"全球化与行政治理国际学术研讨会"论文, 2006.

② 吴介英,纪俊臣. 地方自治团体跨区域事务合作之研究 [J]. 中国地方自治, 2004 (8).

③ 卓凯,殷存毅. 区域合作的制度基础:跨界治理理论与欧盟经验 [J]. 财经研究, 2007 (1).

而突出,于是跨界治理的内在动力在于政治驱动的学术观点开始出现。此种观点认为,只有地方政府之间达成实质性的契约关系,将跨界问题提到公共议程上,才能有效地加以解决。以区域经济发展为基础目标的跨界治理典型模式中,主要有伙伴关系模式、行政性合作模式和碎片化模式等三种。① 该文认为,在此基础上西方学者还对跨界治理的实现路径进行了研究,具体包括公私伙伴式和"新葛兰西"式两种迥异的实现路径。

(2) 运用跨域治理理论指导解决具体公共事务方面

马学广、王爱民等 (2008) 认为,从集权到分权再到伙伴关系,从统治到治理再到跨域治理,西方发达国家地方政府治理方式呈现出螺旋式发展路径。我国的分权化改革打破了计划经济体制下地方政府被动羸弱的状态,在激发地方政府发展经济的动力的同时,也引发了"地方政府企业化"的倾向,形成分割的"行政区经济"。市场化改革在引入和整合体制外社会经济资源的同时,也导致政府与市场结合成"不受约束"的增长联盟,反而削弱了政府的权威。跨域治理理念旨在强化政府组织、市场组织和社会组织之间的资源整合,鼓励各种治理组织的参与,以共同应对跨行政区、跨部门、跨领域的公共事务。他们结合我国地方政府的实际情况,提出了实现地方政府跨域治理的途径:分权与赋权相结合,整合社会经济资源,将决策权向企业、社区和非营利组织转移;协调各治理组织间关系,以利益协调为基点,使治理规则由支配性规则向共识性规则转变;运用行政化手段和市场化手段调整地方政府间关系,加强府际合作,使地方政府由竞争型政府向合作型政府转变。② 马学广、王爱民等 (2008) 认为,目前以跨区域、跨部门、跨领域为特征的公共问题正成为城镇密集地区地方治理的重要内容。这些公共问题的影响范围跨越区域界线,超越单一政府的职能

---

① 娄成武,于东山. 西方国家跨界治理的内在动力、典型模式与实现路径 [J]. 行政论坛, 2011 (1).

② 马学广,王爱民,闫小培. 从行政分权到跨域治理:我国地方政府治理方式变革研究 [J]. 地理与地理信息科学, 2008 (1).

和权限，需要地方政府变革治理模式。① 他们以地处珠三角城镇密集地区的中山市为例，尝试对跨域治理问题进行理论探索。

(3) 以跨域治理为视角研究公共事务问题方面

孙友祥、安家骏（2008）从跨界治理的视角出发，研究武汉城市圈区域合作问题。该研究首先分析欧盟的治理经验，欧盟合作超越了国与国之间、地方与地方之间以及公私机构之间的原有边界，是一个包括各层级政府、超国家机构和非政府组织在内的合作体系，也就是一种跨界治理。欧盟合作作为跨界治理的范例，其价值不仅在于它探索出了解决长期困扰欧洲国家共同问题的一套特殊体制和机制，更为重要的是，它为区域合作制度的建构提供了一种新的经验范式。借鉴欧盟的治理经验，通过对武汉城市圈区域合作滞障的实证分析，提出要建立一个跨行政边界的"超政府"合作体制，以实现武汉城市圈的跨界治理。② 马奔（2008）从跨域治理的视角出发，以汶川大地震为个案，检视了我国危机管理中跨域治理方面存在的问题，并提出了今后的改革措施。③ 他认为，我国危机管理要形成跨域治理机制和模式，应该注意以下几个方面：第一，在危机管理中树立跨域治理观念。第二，成立综合协调的危机管理部门。第三，加强危机管理中政府组织部门之间的沟通与联动。第四，建立跨区域性危机管理合作协调机制。第五，探索整合私部门与民间力量参与危机管理的方式。王涵（2009）认为，跨域治理中存在的地方政府功能偏离"公共性"根本价值导向的现象，要求我们必须在重新审视和反思地方政府功能变革路径的基础上，对其功能再作优化和调整。随着跨域治理需求逐步增强，地方政府应减少基于谋求自身利益的意愿性制度供给，改善相对封闭的公共服务体系，立足于公共性进行功能的优化和调整，加强对社会

---

① 马学广，王爱民，李红岩. 城镇密集地区地方政府跨域治理研究 [J]. 热带地理，2008（2）.

② 孙友祥，安家骏. 跨界治理视角下武汉城市圈区域合作制度的建构 [J]. 中国行政管理，2008（8）.

③ 马奔. 危机管理中跨域治理的检视与改革之道：以汶川大地震为例 [A]. 第三届"21世纪的公共管理：机遇与挑战"国际学术研讨会论文，2008.

公共需求意愿的回应。① 李广斌、王勇（2009）对长江三角洲跨域治理问题进行了研究，从跨地市及地市以下两个空间尺度，对跨域治理的重大历史事件进行追踪，发现长江三角洲跨地市空间治理经历了由行政指令到地方政府对话交流，再到目前的地方政府间建立伙伴关系三个阶段，行政区划调整则是地市以下空间治理的主要手段。基于治理内涵和存在的主要问题，他们认为深化长江三角洲跨域治理应从以下三个方面入手：一是推动政府改革与创新；二是完善多元行为体博弈机制；三是推动多层空间治理组织的发育。② 孙友祥（2011）以跨界治理理论为依托，对武汉城市圈基本公共服务非均等化问题展开实证分析，认为城市圈基本公共服务建设必须打破行政区划壁垒，建构跨越行政区划的治理机制，突破各地政府各自为政的"囚徒困境"，统筹区域规划发展，即建立一个"超政府"合作体制。③ 他提出了促进城市圈基本公共服务均等化的具体对策：一是建立以城市圈基本公共服务合作委员会为中心的跨界治理主体体系；二是建立共同基金、强化区域认同，夯实跨界治理的经济文化基础；三是调和行政区与经济区功能，创新跨界治理路径与机制。

3. 评述

综上所述，为了解决跨域社会公共事务和公共问题，研究者们普遍认为需要运用跨域治理理论，进行跨域治理。有的研究者使用"跨域治理"一词，有的使用"跨界治理"一词，其含义基本一致，但是使用哪一个概念更为恰当，需要进行探讨。关于跨域治理理论，有的研究者侧重从组织重组方面讨论，有的侧重从府际治理方面讨论，有的侧重从伙伴关系理论方面讨论，有的还探讨了西方国家跨域治理的内在动力、典型模式与实现路径，但是对跨域治理

---

① 王涵. 浅析跨域治理中服务型地方政府功能优化问题 [J]. 理论界, 2009 (8).

② 李广斌, 王勇. 长江三角洲跨域治理的路径及其深化 [J]. 经济问题探索, 2009 (5).

③ 孙友祥. 区域基本公共服务均等化的跨界治理研究——基于武汉城市圈基本公共服务的实证分析 [J]. 国家行政学院学报, 2011 (1).

的多元主体、治理工具等涉及不多，需要进一步探索。关于跨域治理理论运用，有的研究者将其用于处理突发性公共危机事件，如防治禽流感、防治非典、抗震救灾，有的将其用于处理跨域社会公共问题，如处理生活废弃物、提供公共交通等，有的将其用于分析某一区域的社会公共问题，但是对多元治理主体之间如何建立伙伴关系、如何运用多种治理工具等问题的探讨还不多、不深。

(二) 关于跨域水污染防治

许多研究者在研究水污染防治时，都认识到水污染存在跨域、跨界现象，需要采取新的理念、模式、方式对其进行治理，才能取得良好治理效果。目前，国内外研究者就跨域水污染的产生原因、治理模式、治理理念、治理机制等问题，进行了一些有益的探讨。

1. 关于跨域水污染的产生原因

张志耀、贾劼（2001）认为，跨界水污染的原因主要有地方保护主义、环境管理体制、经济发展迅速等方面。① 黎元生、胡熠（2004）认为，跨界水污染的主要原因是水资源管理中的行政分割、地方政府各自为政的体制。② 赵自芳（2006）认为，我国区域河流水污染难以根治的主要原因，在于水资源具有公共资源性质和外部治理缺乏市场机制。③ 施祖麟、毕亮亮（2007）认为，跨界水污染的原因有人为因素和自然因素两方面，其中人为因素是主要因素，包括水污染治理的外部不经济、地方保护主义和水资源管理体制的缺陷。④ 王文龙、唐德善（2007）认为，水污染治理效果不佳

---

① 张志耀，贾劼. 跨行政区环境污染产生的原因及防治对策 [J]. 中国人口·资源与环境，2001 (11).

② 黎元生，胡熠. 论水资源管理中的行政分割及其对策 [J]. 福建师范大学学报，2004 (4).

③ 赵自芳. 跨区域水污染的经济学分析 [J]. 技术经济，2006 (3).

④ 施祖麟，毕亮亮. 我国跨行政区河流域水污染治理管理机制的研究——以江浙边界水污染治理为例 [J]. 中国人口·资源与环境，2007 (3).

的重要原因在于对水污染治理手段采取"一刀切"的治理方式。①曾文慧（2008）详细分析了水资源的流动性导致跨界水污染，重点从自然因素方面查找跨域水污染的产生原因。② 虞锡君（2008）从三个方面分析了跨界跨界水污染形成的原因。他认为，跨界水污染产生的根本原因是粗放型经济增长方式；跨界水污染产生的重要原因是水环境管理体制不合理；跨界水污染产生的深层原因是水污染防治的制度缺失。③ 雷亨顺（2008）认为，现行的环境管理行政体制只要求地方政府对本地环境负责，是跨界污染层出不穷的主要原因，也是造成我国水环境质量总体恶化的主要因素之一。④ 他认为，我国目前实行的流域管理是以部门管理与行政区管理相结合的管理体制，导致流域管理难以真正发挥效力，流域上下游之间污染转嫁，增加了治理污染的难度，使得跨界水污染问题成为难治之症。

2. 关于跨域水污染的治理模式

学术界关于跨域水污染的治理模式，主要从经济学和公共管理学两个学科层面进行了比较深入的探讨。研究者们从经济学的角度对跨域水污染治理进行了大量研究，总结起来，跨域水污染治理模式大致有三种：第一，市场化治理模式。一些研究者主张构建流域产权市场，通过市场交易的方式，实现流域水资源优化配置。市场化治理模式以科斯定理为依据，认为流域生态治理中的外部性问题源于治理双方产权界定不清，要解决这个外部性问题，治理各方就要在明晰产权的基础上进行市场自主交易。美国经济学家约翰·戴尔斯首先将排污权交易理论用于分析水污染治理。早在 1968 年，约翰·戴尔斯就在《污染、财富与价格》一书中阐述了排污权交

---

① 王文龙，唐德善．对中国跨区域水污染治理困境与出路的思考——经济学分析视角 [J]．福建经济管理干部学院学报，2007（3）．

② 曾文慧．流域越界污染规制：对中国跨省水污染的实证研究 [J]．经济学（季刊），2008（2）．

③ 虞锡君．太湖流域跨界水污染的危害、成因及其防治 [J]．中国人口·资源与环境，2008（1）．

④ 徐旭忠．跨界污染治理为何困难重重 [N]．半月谈，2008（22）．

易这个概念。随后，鲍默尔和奥茨在1971年发表了《使用标准和价格保护环境》一文，阐明同一税率对实现预定的环境目标具有经济性。① 该文认为，环境管理当局如果对所有的污染者使用同一税率，就会以最小的成本实现对污染的控制。赵来军、李旭等（2005）分析了排污权交易理论在国内外的实际运用情况，结合我国流域水污染的实际情况，建立了流域跨界水污染排污权交易宏观调控动态博弈模型，得出了宏观调控管理体制明显优于指令配额管理体制的结论。② 第二，强制性治理模式。一些研究者主张开征流域生态建设税，采取中央财政纵向转移支付措施。开征流域生态建设税的主张，源于庇古税理论。庇古在《福利经济学》一书中指出，在存在外部性的情况下，通过对产生外部性的企业征收外部性税收的办法来使企业的生产成本等于社会成本，可以在一定程度上避免外部性问题，这就是"庇古税"的思路。赵来军、李旭等（2005）建立了流域跨界污染税收调控博弈模型，求出了博弈模型的数值解，得出了税收调控管理模型明显优于指令配额管理模型的结论。第三，准市场化治理模式。一些研究者主张通过流域区际民主协商、横向财政转移支付的方式，实现流域区际生态补偿，达到治理流域水污染的目的。流域是一个有机联系、不可分割的整体。流域生态得到保护，受益者不只是下游地区，上游地区首先受益；流域生态遭到破坏，受害者不只上游地区，下游地区受害尤甚。但由于上游地区往往经济相对落后，进行环境保护的财政资金十分紧张，而下游地区经济相对发达，应有环境保护的财政资金相对充裕，上游地区与下游地区经过长期博弈，双方最终愿意采取民主协商方式进行谈判，采取横向财政转移支付的方式，对流域生态环境进行共同治理。托涅蒂（Tognetti）（2004）认为，流域水生态补偿应该是流域下游对流域上游保持水质、水量的生态服务所给予的相

---

① Baumol W、Oates W: The Use of Standards and Prices for Protection of the Environment [J]. *Swedish Journal of Economics*, 1971 (3).

② 赵来军, 李旭等. 流域跨界污染纠纷排污权交易调控模型研究 [J]. 系统工程学报, 2005 (4).

应补偿。① 国内许多研究者对流域生态补偿进行过探索。王金龙、马为民（2002）认为，分清补偿流域和非补偿流域、强补偿型流域和弱补偿型流域，对于正确评价水土保持在流域治理中的作用至关重要。② 秦丽杰、邱红（2005）以松辽流域为例，认为建立水资源的区域补偿机制，将促进水资源的可持续利用，维护省际边界地区的社会稳定和经济发展。③ 金蓉、石培基等（2005）对黑河流域生态补偿机制进行了探讨，提出了生态补偿的评估方法和技术选择，明确了补偿的主体、客体、方式、标准、原则，构建了补偿网络。④ 李磊、杨道波（2006）认为，必须通过制度创新和法制完善，为我国流域生态补偿机制的有效运转提供强力的管理机构、完善的市场和充足的资金支持。⑤ 孙莉宁（2006）对安徽省流域生态补偿机制进行了探索，提出了构建流域生态补偿体系的设想。⑥ 金正庆、孙泽生（2008）认为，由于信息不对称和科层制分权结构下的激励相容问题，生态补偿机制的构建不但需要考虑到外部性的矫正，而且需要提供监督激励性的补偿。⑦ 刘晓红、虞锡君（2009）以太湖流域为例，将水生态"恢复成本"作为补偿依据，定量分析了上游如果造成流域污染而必须对下游进行补偿的金额，

---

① Tognetti SylviaS: Creating Incentives for River Basin Manage-mentasa Conservation Strategy: A Survey of the Literature and Existing Initiatives [M]. Washington D. C., US, 2001.

② 王金龙，马为民. 关于流域生态补偿问题的研讨 [J]. 水土保持学报，2002（6）.

③ 秦丽杰，邱红. 松辽流域水资源区域补偿对策研究 [J]. 自然资源学报，2005（1）.

④ 金蓉，石培基，王雪平. 黑河流域生态补偿机制及效益评估研究 [J]. 人民黄河，2005（7）.

⑤ 李磊，杨道波. 流域生态补偿若干问题研究 [J]. 山东科技大学学报（社会科学版），2006（1）.

⑥ 孙莉宁. 安徽省流域生态补偿机制的探索与思考 [J]. 绿色视野，2006（2）.

⑦ 金正庆，孙泽生. 生态补偿机制构建的一个分析框架——兼以流域污染治理为例 [J]. 中央财经大学学报，2008（1）.

提出了上游补偿下游地区水生态"恢复成本"的解决思路。①

从公共管理学的角度对跨域水污染治理模式进行研究，主要有三种治理模式：第一，地方政府合作治理模式。加拿大戴维·卡梅伦（2002）认为，现代生活使政府间的沟通、协调变得越来越重要，国家内部和国家之间管辖权的界限逐渐在模糊，政府间讨论、磋商、交流的需求日益增长，政府间合作治理的方式是府际治理。② 他认为，府际治理是行政革新和政府再造的重要产物。张紧跟、唐玉亮（2007）认为，跨界水污染问题不仅引发公用地灾难，而且制约了上下游地区经济社会发展，甚至还容易导致群体性事件，影响社会和谐；而传统的以地域为界的管理方式在治理这类跨界水污染问题上捉襟见肘，这是因为碎片化的治理结构、本位主义的治理动机、各自为战的治理行动无法形成合力。因此，地方政府间环境协作是有效治理跨市（县）河流污染的必然选择，而这必须建立上级政府的监管权威、健全公众参与和流域内地方政府间民主协作的多元治理机制。③ 陈玉清（2009）对太湖流域跨界水污染问题进行了研究，认为跨界水污染治理模式主要有政府主导型治理、私有化治理和自组织治理三种模式，在激励措施、信息完全性、交易成本、执行成本和运行监督等方面，三种模式都有所不同。根据太湖流域水污染的现状，应该采用以府际合作为主的复合型治理模式。④ 第二，治理主体协商治理模式。陈瑞莲、胡熠（2005）认为，我国应该采取区际生态补偿机制解决跨界水污染，但同时要建立健全流域区际民主协商机制、流域生态价值评估机

---

① 刘晓红，虞锡君. 县域跨界水污染补偿机制在嘉兴市的探索［J］. 环境污染与防治，2009（4）.

② 戴维·卡梅伦. 政府间关系的几种结构［J］. 国外社会科学，2002(1).

③ 张紧跟，唐玉亮. 流域治理中的政府间环境协作机制研究——以小东江治理为例［J］. 公共管理学报，2007（3）.

④ 陈玉清. 跨界水污染治理模式的研究［D］. 浙江大学硕士学位论文，2009：41.

制、补偿资金营运机制和流域区际经济合作机制等。① 周海炜、钟尉等（2006）分析了我国跨界水污染发生的系统性和跨界水污染治理机制的运行特征，深入剖析了跨界水污染治理体制的内部矛盾，认为应该采取协商解决方式，在区域政府、水行政、基层涉水主体等三个层面建立多层次并相互联系的协商机制。② 第三，网络治理模式。周海炜、范从林等（2010）对我国流域水污染防治中出现的问题进行了分析，提出涉水主体多元化是流域水污染防治中的主要要求。③ 他们在对多元化参与的内涵和涉水主体进行分析的基础上，进一步采用对比分析的方法，提出网络治理模式比科层治理和市场治理模式更能适应现有的管理改善要求。在基于网络治理的基础上，对共同目标、决策机制、公众参与以及监督机制提出了改善建议。

3. 关于跨域水污染的治理理念

罗晓敏、李花等（2009）认为，跨区域公共事务治理应该引入复合行政理念，因为跨区域公共事务的"无界性"与行政区划的"有界性"之间存在冲突，行政区划的边界是确定的、刚性的，而社会公共事务和公共问题的发生则不受行政区划的限制，经常表现出无形、弹性等特征。④ 他们认为，跨区域公共事务的多样性与治理主体单一性之间存在矛盾，在跨区域公共事务治理中要引入多元主体，即在发挥政府部门作用的同时，引入非政府组织，参与公共事务治理，充分发挥其影响力，提高对跨区域公共事务治理的回应性与效率。跨区域公共事务与传统政府治理方式也存在冲突，政府在跨区域公共事务治理中容易产生"缺位"、"越位"、"错位"

---

① 陈瑞莲，胡熠. 我国流域区际生态补偿：依据、模式与机制 [J]. 学术研究，2005（9）.
② 周海炜，钟尉，唐震. 我国跨界水污染治理的体制矛盾及其协商解决 [J]. 华中师范大学学报. 自然科学版，2006（2）.
③ 周海炜，范从林，陈岩. 流域水污染防治中的水资源网络组织及其治理 [J]. 水利水电科技进展，2010（8）.
④ 罗晓敏，李花，温桂珍. 复合行政：跨区域公共事务治理新视角 [J]. 法制与经济，2009（5）.

现象，需要引入更多的治理方式来处理跨区域公共事务。

4. 关于跨域水污染的治理机制

杨新春（2008）认为，太湖跨界水污染是粗放型经济发展方式、地方本位主义与单一的"行政区行政"模式共同作用的产物，是经济社会畸形发展的结果。太湖跨界水污染凸显出流域管理与行政区管理体制间的矛盾，需要构建强有力的区域地方政府合作机制，依靠地方政府间的合作推动区域跨界水污染治理。① 杨新春、姚东（2008）认为，治理跨界水污染，不是单个地方尤其是单个地方政府就能完成的。基于行政区划的"行政区行政"治理方式陷入了困境，催生了区域公共管理这种崭新的治理方式。这种跨界水污染治理方式的变革，需要观念的创新、制度环境的创新及组织安排的创新。各地方政府为了处理公共问题和公共事务，需要发挥第三部门的作用，加强政府间的联系，建立起地方政府间的合作、协调、双赢或共赢的治理机制。② 易志斌、马晓明（2009）对流域跨界水污染的府际合作治理机制进行了研究，认为流域跨界水污染问题产生的根源是地方政府的个体理性与集体理性的冲突，流域跨界水污染的府际合作治理的关键在于制度创新，必须从制度环境、组织安排和合作规则等方面着手，促使地方政府进行更为高效和有序的合作。③ 黄德春、华坚等（2010）编著的《长三角跨界水污染治理机制研究》一书，将长江三角洲跨界水污染治理作为一个兼有经济学和政治学特征的命题来加以交叉研究，将长江三角洲跨界水污染治理机制视为介于行政方式和市场方式之间的第三种机制。④ 该书全面总结跨界水污染治理的理论基础，分析长江三角洲

---

① 杨新春. 跨界水污染治理中的地方政府合作机制研究——以太湖治理为例 [D]. 苏州大学硕士学位论文，2008：1.

② 杨新春，姚东. 跨界水污染的地方政府合作治理研究——基于区域公共管理视角的考量 [J]. 江南社会学院学报，2008（1）.

③ 易志斌，马晓明. 论流域跨界水污染的府际合作治理机制 [J]. 社会科学，2009（3）.

④ 黄德春，华坚，周燕萍. 长三角跨界水污染治理机制研究 [M]. 南京：南京大学出版社，2010.

地区跨界水污染治理的现状和现有治理机制,借鉴国际、国内跨界水污染治理的成功经验,提出长江三角洲地区跨界水污染治理的机制建设目标,构建长江三角洲地区跨界水污染治理的交易机制、生态补偿机制、预警应急机制,并提出相关的实施政策建议。

5. 评述

综上所述,关于跨域水污染的产生原因,研究者们认为主要是水资源具有流动性、水资源具有公共资源属性、粗放型经济增长方式的影响、水环境管理体制不合理、水污染防治制度缺失,但是对治理主体方面存在的问题还重视不够,对治理主体比较单一、治理主体之间信任度不高、治理主体合作机制不完善等原因的剖析还较少见。关于跨域水污染的治理模式,归纳研究者的观点,主要有地方政府合作治理模式、治理主体协商治理模式、网络治理模式三种,但是,对不同治理主体之间如何协商、地方政府之间如何合作等问题研究还不够深入细致。关于跨域水污染的治理理念,有的研究者认为,在政府发挥作用的同时,要引入非政府组织,作为治理主体,共同对公共事务进行治理,但是对企业、社会公众等治理主体的作用还重视不够。关于跨域水污染的治理机制,有的研究者认为要建立区域地方政府合作机制,有的认为要建立介于行政方式和市场方式之间的第三种机制,但是对地方政府与其他治理主体之间的合作机制问题涉及得不多。

(三) 关于湖泊水污染防治

湖泊是陆地上洼地积水形成的水域比较宽广、换流缓慢的水体。湖泊水域宽度一般远大于河流宽度,水体流速较慢,水体交换能力较低,水污染后将更多地依赖于湖水的自净能力。"流水不腐,户枢不蠹",湖泊水体流动缓慢、交换能力低,导致湖泊水污染防治的难度比河流水污染防治的难度更大。自"六五"时期开始,我国全面开展了富营养化湖泊的研究和治理工作。1994年,太湖、巢湖和滇池等"三湖"被列入我国首批流域治理重点项目。"九五"以后,国家投入巨资对太湖、巢湖和滇池开展了重点整治,湖泊治理首次列入国家级流域水污染防治规划。自此开始,对湖泊水污染防治问题的研究逐渐增加。

综观对湖泊水污染防治问题的研究，主要围绕三方面内容展开。一是关于湖泊水污染防治总体情况的研究；二是关于日本琵琶湖、北美五大湖等湖泊治理经验的总结；三是关于单个湖泊水污染防治问题的研究。

1. 关于湖泊水污染防治总体情况的研究

针对中国湖泊的环境治理问题，国家环境保护总局于2000年10月主办"中国湖泊富营养化及其防治"高级国际学术研讨会，邀请百余名国内外专家学者对中国湖泊富营养化及其控制技术进行咨询和指导，研讨会论文结集为《中国湖泊富营养化及其防治研究》正式出版。① 该书除了介绍中国湖泊富营养化控制技术，还介绍了中国湖泊富营养化防治状况及存在的问题，具体探讨了太湖、巢湖、滇池流域水污染防治工作。王金南、吴悦颖等（2009）介绍了我国湖泊水污染控制规划与政策、湖泊水污染防治的主要问题、"十二五"重点湖泊水污染防治思路，认为湖泊治理需要树立明确的治理目标，经过漫长的时间，采取不断进步的治理措施，付出艰苦的努力才能有所成效。②

2. 关于日本琵琶湖、北美五大湖等湖泊治理经验的总结

刘鸿志（2001）对中国太湖和日本琵琶湖水污染防治状况进行比较研究，认为琵琶湖污染防治的状况和经验值得我们思考和学习。③ 汪易森（2004）通过对日本琵琶湖保护治理的研究和思考，归纳出日本琵琶湖治理的主要经验：在全民参与的基础上，确立流域为治污主体，充分发挥国家行政、企业团体和市民群体的作用，从法律政策、经济投资、工程建设、宣传教育等各个不同角度采取措施和对策，最终达到建设具有自循环功能的生态河流、湖泊目的。简言之，琵琶湖治理经验就是源水培育、湖水治理、生态建

---

① 国家环保总局科技标准司. 中国湖泊富营养化及其防治研究 [M]. 北京：中国环境科学出版社，2001.

② 王金南，吴悦颖，李云生. 中国重点湖泊水污染防治基本思路 [J]. 环境保护，2009（21）.

③ 刘鸿志. 中国太湖和日本琵琶湖水污染防治状况比较 [N]. 中国环境报，2001-07-13.

设、政府主导、全民参与。① 童国庆（2007）讨论了日本琵琶湖的污染情况和治理措施，认为值得中国学习借鉴的有以下几点：项目在特别法律下运作；多种措施综合治理；治水和治山结合；加大农业和农村污水控制力度；进行广泛的环境保护宣传教育。② 窦明、马军霞等（2007）对北美五大湖水环境保护问题进行研究，介绍了北美五大湖的基本情况及水环境污染和治理历程，讨论了美加两国政府在水环境保护方面合作的经验，概括了五大湖环境保护工作所取得的成就。实践证明，五大湖水资源综合管理体制、水环境保护策略是行之有效的。③ 俞慰刚、杨絮（2008）以日本琵琶湖整治的过程为纵线，以琵琶湖整治的基本理念和整治内容为横线，纵横结合，多角度介绍琵琶湖环境整治的内容，总结出了一些对太湖环境整治的启示与思考。④

3. 关于单个湖泊水污染防治问题的研究

杨国兵、段一平（2007）研究了洞庭湖水污染防治问题，分析了近年洞庭湖水污染现状及水污染的成因，提出了解决洞庭湖水环境污染问题的对策：改革现行的水务管理体制，实现水务一体化管理体制；制定一个统一的流域水资源保护规划；健全洞庭湖水环境监测网络；进一步加大对取水许可审批管理的力度；利用生物措施，科学投放鱼苗；走生态经济型环境水利模式。⑤ 李立周（2008）从公共政策分析的视角，研究鄱阳湖流域环境治理问题，提出了构建区域循环经济体系、建立区域环境合作机制、建立流域

---

① 汪易森. 日本琵琶湖保护治理的基本思路评析 [J]. 水利水电科技进展，2004（6）.

② 童国庆. 日本琵琶湖水污染治理对我国的启示 [J]. 江苏纺织，2007（12）.

③ 窦明，马军霞，胡彩虹. 北美五大湖水环境保护经验分析 [J]. 气象与环境科学，2007（2）.

④ 俞慰刚，杨絮. 琵琶湖环境整治对太湖治理的启示——基于理念、过程和内容的思考 [J]. 华东理工大学学报. 社会科学版，2008（1）.

⑤ 杨国兵，段一平. 洞庭湖水污染现状及防治对策 [J]. 湖南水利水电，2007（2）.

生态补偿机制、建立社会制衡机制等政策构想，从体制制度、行政执行、资金技术以及社会支持四个层面提出了促成环境政策有效实施的对策。① 李兆华、张亚东（2010）对大冶湖水污染防治问题进行了研究，在实地考察、综合调研的基础上，以大冶湖流域水污染调查和湖泊水质监测数据为基础，以水污染防治和湖泊生态修复为重点，分析大冶湖的水环境现状、问题及成因，提出了大冶湖水污染防治方案以及水环境保护对策。②

4. 评述

综上所述，上述研究对国内湖泊水污染防治总体情况的介绍，阐述了湖泊水污染防治的政策、目标、思路等问题，多数是介绍情况和总结经验，缺乏从理论视角进行分析。对日本琵琶湖、北美五大湖等湖泊治理经验的总结，重视政策规划、非营利组织参与、公民参与的作用，但是对治理工具的运用等问题还涉及得不多。对国内单个湖泊水污染防治问题的研究，提出了对策建议，但是这些对策建议从多元治理主体的培育、治理主体之间伙伴关系的建立等方面考虑还不多。

（四）关于梁子湖水污染防治

目前，专门研究梁子湖水污染防治的论文和专著还比较少。

值得一提的是，湖北省发改委为了编制好"梁子湖生态环境保护规划"，于2007年8月专门成立课题组进行前期研究工作。李兆华、孙大钟主编的《梁子湖生态环境保护研究》一书，就是课题组前期研究的成果，是"梁子湖生态环境保护规划"的研究报告。③ 该书在实地考察、综合调研的基础上，以梁子湖流域生态环境和湖泊水质调查为基础，以梁子湖水污染防治和湖泊生态修复为重点，系统研究梁子湖生态环境的现状、问题及成因，划分了梁子

---

① 李立周. 公共政策分析视角下鄱阳湖流域环境治理的对策研究 [D]. 南昌大学硕士学位论文，2008.

② 李兆华，张亚东. 大冶湖水污染防治研究 [M]. 北京：科学出版社，2010.

③ 李兆华，孙大钟. 梁子湖生态环境保护研究 [M]. 北京：科学出版社，2009.

湖流域生态功能区,设计了梁子湖生态环境保护方案,提出了梁子湖生态建设和环境保护的具体对策。全书共分 8 章,即总论、梁子湖基本情况、梁子湖水生生物和生态环境现状、梁子湖水质现状、梁子湖主要污染源现状与趋势、梁子湖生态功能区划、梁子湖水环境容量与总量控制方案、梁子湖生态环境保护对策。

综上所述,《梁子湖生态环境保护研究》一书研究了梁子湖生态环境的现状、问题及成因,提出了梁子湖生态环境保护的对策建议,但是,该研究缺乏理论视角的分析,没有从跨域治理视角进行研究,理论深度不够。

三、试图达到的目标

1. 丰富完善跨域治理理论

当代社会公共事务日渐增加,而且多是跨域公共事务,传统的科层制治理和市场治理模式显得能力有限,经常出现治理效果不尽如人意的现象。应对跨域公共事务,需要跨域治理。因此,需要对跨域治理理论进行全面系统的梳理总结,本书希望能从治理理念、治理主体、治理工具等方面丰富完善跨域治理理论,并希望本书的个案研究能为处理其他跨域公共事务提供理论借鉴。这是本书试图达到的目标之一。

2. 提出梁子湖水污染防治的对策措施

水污染防治是一种典型的社会公共事务,湖泊水污染防治更是跨域公共事务。本书以跨域治理理论的视角,具体分析梁子湖水污染防治的问题与原因,同时,认真总结国外日本琵琶湖治理、北美五大湖治理的成功经验,深入探讨我国太湖、巢湖、滇池治理的成败得失。希望能在此基础上,提出具有指导性、针对性、可操作性的梁子湖水污染防治对策。这是本书试图达到的目标之二。

四、本书的研究方法

本书以梁子湖水污染防治为研究对象,这是一个具有典型意义的分析样本,因此主要采取规范分析方法。规范分析是以一定的先验的、内省的价值判断等为规范演绎的前提假设,通过理论阐释、数理推导等来证明的分析方法。本书首先从理论上阐明跨域治理理论对于梁子湖水污染防治的适用性,以有效治理作为分析的出发点和基础,提出梁子湖水污染防治达到有效治理而必须具有的治理理念与行为标准,并以此作为依据,探讨达到这些目的的对策措施。

五、结构安排与创新点

在研究的指导思想上,笔者以科学发展观为指导,坚持理论联系实际;从研究的视角看,以公共管理学的前沿理论——跨域治理理论为工具,立足中国国情和湖北省情,充分考虑梁子湖水污染防治这个研究对象的具体情况,试图使研究处于本学科领域的前沿,既有个案研究特色,又与理论前沿研究接轨。

本书的主体部分拟分五章,在逻辑思路上采取提出问题——分析问题——解决问题的路径进行。

第一章拟分析梁子湖水污染跨域治理的理论基础。首先总结归纳跨域治理这个理论工具,接着介绍研究对象即梁子湖水污染防治的情况,最后分析梁子湖水污染跨域治理的必要性。

第二章拟阐述梁子湖水污染治理的现实状况。先回顾梁子湖水污染治理的历程,再总结梁子湖水污染治理的主要做法,然后指出梁子湖水污染防治存在的主要问题。

第三章拟剖析梁子湖水污染防治存在问题的原因。将梁子湖水污染防治问题置于现实社会大背景下,从跨域治理的视角剖析其存在问题的原因,可能有三个方面:一是治理主体比较单一;二是治理主体之间信任度不高;三是治理主体合作机制不完善。

第四章拟总结国内外湖泊水污染跨域治理的经验启示。国内湖泊将选择太湖、巢湖、滇池进行分析,国外湖泊将选择日本琵琶湖、北美五大湖进行分析。在此基础上,将总结国内外湖泊水污染跨域治理的经验启示。

第五章拟提出梁子湖水污染跨域治理的对策建议。根据梁子湖水污染防治实际情况,从跨域治理的视角分析,将提出治理对策,包括树立多元治理理念、培育跨域治理新主体、治理主体之间建立伙伴关系、综合运用多种治理工具等方面。

本书可能的创新之处体现在以下三个方面。

第一，研究的理论工具选择恰当。本书拟运用跨域治理理论对梁子湖水污染防治进行研究，理论工具与研究对象具有高度契合性、适用性。跨域治理理论还处于发展阶段，需要一个完善的过程，本研究能够完善跨域治理理论。同时，本研究能够从实证方面对跨域治理理论进行验证，其研究结论能为跨域治理理论的可信度提供支持。

第二，研究结论独特。本研究结论认为，在保持现有行政区划格局不变的情况下，梁子湖流域地方政府和企业、非营利组织、社会公众协力合作，相互之间建立伙伴关系，综合运用法律规章、公共政策、行业规范、对话协商等治理工具，可以治理水污染，达到保护和管理梁子湖的目的。这不同于以前的研究建议，它们主张调整行政区划，将梁子湖像神农架林区那样单独剥离出来，成为一个相对独立的行政区划，组建梁子湖生态特区。

第三，建议应用性强。本书拟从跨域治理的理论视角，对梁子湖水污染防治问题进行深入研究，提出梁子湖水污染跨域治理的对策建议。本研究力图为湖北省和梁子湖流域四市政府提供决策参考，对策建议具有较强的针对性、应用性、可操作性。

第一章
梁子湖水污染跨域治理的理论分析

现实生活中社会公共事务大量出现，跨区域、跨领域、跨部门的公共问题日益增多。梁子湖水污染防治是典型的跨域公共事务，传统的科层制治理方式和市场治理方式的不足和弊端逐渐显现，需要进行跨域治理。本章首先对跨域治理理论进行梳理总结，阐释其概念，追溯其渊源，探讨其作用；其次对研究对象进行介绍分析，剖析水污染防治的含义，介绍梁子湖水污染防治的情况，指出梁子湖水污染防治的重大意义；最后研究梁子湖水污染跨域治理的必要性，探讨行政区划对跨域水污染治理的制约，指出科层制治理对跨域水污染治理的失灵，分析市场机制对跨域水污染治理的局限。本章阐明对梁子湖水污染防治这样的跨域公共事务进行跨域治理的必要性、合理性和科学性，为后续研究奠定了理论基础。

第一节 跨域治理理论

一方面，现实生活中社会公共事务大量出现，跨区域、跨领域、跨部门的公共问题日益增多，传统的科层制治理方式和市场治理方式的不足和弊端逐渐显现,实践层面感到棘手难办。另一方面,随着治理理论的兴起和发展,人们认识社会公共事务具有了新的视角和方法,一定程度上可以减少和避免"政府失灵"和"市场失灵"现象,理论层面看到了解决问题的希望。在这种背景下,跨域治理理论应运而生。

一、跨域治理的概念阐释

对概念进行科学的严格的阐释,为研究讨论奠定基础,以避免不必要的歧义和纠缠,是进行科学研究的第一个必经步骤。什么是跨域,什么是治理,什么是跨域治理,需要明确界定。

(一)跨域

"跨域"一词,源于英文 across boundary,又译为"跨界"。

根据权威的《朗文当代高级英语词典》的解释,across 意为"横过"、"穿过"、"越过"等①;boundary 意为"分界线"、"边界"、"界限"、"范围"等②。across boundary,意即越过边界、越过界线。

根据《现代汉语词典》的解释,"域",本义是"在一定疆域内的地方",如域外、异域、区域、地域、领域、疆域。③ "区域",是指"地区范围"。④ 一般来说,区域是一个空间的概念,指地理上的某一范围的地区。区域的划分,以地理和经济特征为基础。"界",本义是"界限",引申为"一定的范围"。⑤ "跨",本

---

① 萨默斯. 朗文当代高级英语词典 [M]. 北京:外语教学与研究出版社,2004:16.
② 萨默斯. 朗文当代高级英语词典 [M]. 北京:外语教学与研究出版社,2004:201.
③ 中国社会科学院语言研究所词典编辑室. 现代汉语词典 [M]. 北京:商务印书馆,2005:1669.
④ 中国社会科学院语言研究所词典编辑室. 现代汉语词典 [M]. 北京:商务印书馆,2005:1124.
⑤ 中国社会科学院语言研究所词典编辑室. 现代汉语词典 [M]. 北京:商务印书馆,2005:703.

义是"抬起一只脚向前或向左右迈（一大步）"、"两脚分在物体的两边坐着或立着"，引申义有"超越一定数量、时间、地区等的界限"、"附在旁边的"等。①

从词义看，将 across boundary 译作"跨域"，是贴切的。现在，"跨域"这个概念已经为多数政治学、管理学研究者所接受，在社会生活中应用日益广泛，成为一个使用频率比较高的词汇。

由此可见，"跨域"本义是指跨越地域，狭义的跨域指的是跨越行政区划，后来还扩展到包括跨越部门、领域。本书使用的"跨域"是指广义的跨域，既包括跨越行政区域，也包括跨越部门、领域。

（二）治理

"治理"（governance）一词，根据俞可平的解释，源于拉丁文和古希腊语，具有"控制、引导、操纵"之意。长期以来，"治理"与"统治"（government）一词混用，主要用于与国家公共事务相关的管理活动和政治活动中。② 过去一般习惯使用"统治"，较少使用"治理"。随着社会环境的变迁和政府管理体制的变革，治理的内涵发生了深刻的变化，"治理"被赋予了许多新含义。

1989 年，世界银行在讨论非洲发展问题的报告中，提出了今天广为流传的"治理"概念。治理是指政府不直接介入公共事务，只介入负责统治的政治与具体事务的管理，它是对于以韦伯的官僚制理论为基础的传统行政的替代。1995 年，全球治理委员会发表了题为《我们的全球伙伴关系》的研究报告，对"治理"一词解释如下："治理是各种公共的或私人的机构管理其共同事务的诸多方式的总和。它是使相互冲突的或不同的利益得以调和并采取联合行动的持续的过程。"③ 现在，这个解释被认为是"治理"比较权

---

① 中国社会科学院语言研究所词典编辑室. 现代汉语词典 [M]. 北京：商务印书馆, 2005：790.

② 俞可平. 治理理论与公共管理（笔谈）[J]. 南京社会科学, 2001 (9).

③ Commission on Global Governance: Our Global Neighborhood [M]. Oxford: Oxford University Press, 1995.

威的定义。通常认为，治理是一个多中心的行动体系，其主体包括一系列来自政府但又不限于政府的社会公共机构和行动者。

与传统的"统治"相比，现在更为流行的"治理"存在如下差异：第一，管理主体存在差异。传统统治的权威力量是政府，主体一定是社会的公共部门，强调政府的权力主导和单极垄断；治理的主体是多元的，既可以是公共部门，也可以是私人部门、非营利组织。统治是政府垄断社会事务的过程，治理则是多元主体合作处理公共事务的过程，更强调多中心主体通过合作来提供公共服务。第二，管理过程中权力运行的向度不同。统治主要依靠传统的官僚体制，通过层级节制、发号施令，运用制定政策、执行政策的方式，对社会公共事务实施单向度的管制，权力运行方向总是"自上而下"的；治理主要依靠多元化的网络权威，通过合作、协商、认同目标、建立伙伴关系等方式，由参与者在互动的过程中对公共事务进行联合管理，权力运行向度是多元的、相互的，不是单一的"自上而下"，而是"上下互动、左右互动"的。第三，管理的方式和手段存在差异。统治主要采用具有强制力的行政、法律手段，实现对社会的强力控制；治理则往往采用沟通协商、契约指导等柔性方式，进行社会管理。① 第四，管理的出发点和重点存在差异。统治以满足统治阶级的整体利益为出发点，治理则以满足公民的需求为出发点。② 事实上，治理整合了政府、市场、公民三者的关系，促使公共行动者之间达成良性互动，从而最大限度地提高公共服务的品质。

治理是对统治的发展和扬弃，既承接了统治的合理成分，又扬弃了统治的过时元素，与时俱进地增加了新内涵。治理与统治的最基本的区别就在于，统治的主体是唯一的，就是社会的公共机构，而治理的主体是多元的，可以是公共机构，也可以是私人机构，还

---

① 周俊. 公共治理——构建和谐社会的路径选择 [J]. 四川省委党校学报，2005（12）.

② 陈振明主编. 公共管理学 [M]. 北京：中国人民大学出版社，2005：83.

可以是第三部门。治理理论的发展，为解决错综复杂的社会公共事务提供了一种崭新的视角和有力的武器。

（三）跨域治理

跨域治理（cross-boundary governance）是治理理论的重要分支和组成部分，是近几年来公共管理学的一个研究热点。较早对跨域治理进行研究的是中国台湾学者。2005 年，台北五南图书出版股份有限公司出版了林水波、李长晏的专著《跨域治理》；2009 年，五南图书出版股份有限公司又出版了林水吉的专著《跨域治理——理论与个案研析》。这两部专著对跨域治理理论都进行过系统研究。有关跨域治理的论文，更是为数不少。关于跨域治理的概念，中国台湾研究者和大陆研究者曾进行过不同的界定。

李长晏、詹立炜（2004）认为，跨域治理的定义是凭借广泛参与、公平公开、对等协商以及课责监督的过程，以异中求同、因地制宜的原则，希望中央政府、地方政府与民间形成同心协力的伙伴关系，用以解决因为跨领域、跨行政区、跨部门所引起的棘手难解的公共问题。①

林水波、李长晏（2005）认为，跨域治理是指针对两个或两个以上的不同部门、团体或行政区，由于它们彼此之间的业务、功能重叠和疆界相接，导致权责不明、无人管理与跨部门的问题发生时，需要公部门、私部门及非营利组织的联合行动，通过协力、社区参与、公私合伙或契约等方式，来解决棘手的公共问题。与其相似的概念有英国的"区域治理"（region governance）或"策略社区"（strategic community），美国的"都会区治理"（metropolitan governance）以及日本的"广域行政"。②他们认为，跨域治理集中了多层面的治理方式，不限于地方自治团体之间，还包括中央与地方之间跨部门问题的处理。

---

① 李长晏，詹立炜. 跨域治理的理论与策略途径之初探 [A]. 铭传大学主办"2004 国际学术研讨会"学术论文，2004.

② 林水波，李长晏. 跨域治理 [M]. 台北：五南图书出版股份有限公司，2005：3.

曾瑞佳（2005）认为，跨域治理概念有广义与狭义之分。广义的跨域治理包含了跨疆域、跨部门、跨团体的治理模式，狭义的跨域治理强调地方自治团体间的跨区域合作事务。跨域治理的内涵是跨越土地管辖权及行政区划的合作治理，最常见的个案为地方政府之间的跨区域合作事宜，它不涉及机关内部跨部门的合作，也不包含公私协力的伙伴关系，是地方自治团体为解决跨域性问题或促进地方发展所采取的治理模式。①

马奔（2008）认为，跨域治理就是一种以齐心协力、互助合作的方式而形成的跨组织、跨区域和跨部门的治理模式。② 林水吉（2009）认为，跨域治理是政府行动者影响特定政策领域中其他社会行动者的方式。③

本书认为，跨域治理是指为了应对跨区域、跨部门、跨领域的社会公共事务和公共问题，公共部门、私人部门、非营利组织、社会公众等治理主体携手合作，建立伙伴关系，综合运用法律规章、公共政策、行业规范、对话协商等治理工具，共同发挥治理作用的持续过程。与"跨域治理"含义相近的概念还有"跨界治理"、"区域治理"、"策略社区"、"都会区治理"、"广域行政"。在一定范畴内，这些概念可以通用。作为学术名词，"跨域治理"翻译成英文为"cross-boundary governance"，"跨域治理理论"翻译成英文为"cross-boundary governance theory"。

二、跨域治理的理论渊源

跨域治理的理论渊源，主要包括四个方面：一是政策网络理论；二是协力治理理论；三是府际治理理论；四是多层次治理理论。

---

① 曾瑞佳. 论跨域治理的课责机制 [J]. 地方与区域治理电子期刊，2005（1）.

② 马奔. 危机管理中跨域治理的检视与改革之道：以汶川大地震为例 [A]. 第三届"21 世纪的公共管理：机遇与挑战"国际学术研讨会论文，2008.

③ 林水吉. 跨域治理——理论与个案研析 [M]. 台北：五南图书出版股份有限公司，2009：3.

(一) 政策网络理论

政策网络作为一种治理工具,从政府角度而言,其主要功能是希望增加治理主体,提高治理参与度,使治理过程更加具有弹性,治理效果得到提高。

"政策网络"一词,最早由卡赞斯坦(Peter P. Katzenstein)于1978年提出。卡赞斯坦认为,国家在制定经济政策的过程中,不会以强制力加诸非国家行动者,而是寻求社会不同行动者的协助,从而建立一种相互依赖与帮助的互动关系。[①] 在此,政策网络是将国家与社会行动者联接在一起的一种机制。

英国学者罗兹(R. A. W. Rhodes)随后对政策网络进行了系统研究,建构起网络研究的途径。罗兹运用交易理论说明,当国家机关和社会团体需要对方的知识、专业,对其他不同的社会行动者产生影响时,它们之间就建立起互惠关系,这种关系即是一种网络关系。"政策网络"是指"一群因资源依赖而相互连接的群众或复合体,自行组成网络,这些网络参与者之间的互动即构成了政策网络"。[②]

罗兹在研究治理理论时提出了治理的七种模式,其中一种就是以"网络"为核心概念的治理模式。运用网络的治理模式,与传统的科层体制、市场竞争体制的治理方法是有区别的。网络存在于公共部门与私人部门参与者的互动关系中,其本质是非正式的组织关系,参与者同意建立的规划,是建立在信任、沟通、降低不确定性以及充分协调的基础之上的。

罗兹引述格里·斯托克(Gerry Stoker)的观点指出,治理就是制定一套机制,规范参与者的行动,而且超越政府原有的局限,来解决社会和经济议题,特别是在它们的范围与责任日益模糊的情

---

① Peter J. Katzenstein, Between power and plenty: foreign economic policies of advanced industrial states [M]. Madison: University of Wisconsin Press, 1978, p. 344.

② R. A. W. Rhodes: the new governance: governing without government [J]. *Political Studies*, 1996 (44).

况下,尤其需要进行有效的跨域治理。这几种机制相互依赖,构成良好的网络关系,具备自主性,而且能够自行治理。

罗兹认为,公共部门与私人部门的行动者构成一种治理网络,涉及政策社群和议题网络。政府机关与不同的政策社群一起,对于一些特定的政策议题进行研究探讨,形成不同政策领域之间的互动关系。政府部门之间会形成政策网络,各个政策社群也会形成不同的政策网络,公共部门与私人部门结合又会形成整体的政策网络。在跨域治理环境下,政策网络显得尤为复杂。政府在执行结构颇为复杂的政策时,由于政府各个部门之间协调不够,经常出现相互踢皮球、推诿责任的情况;政府在执行具有争议性重大政策时,由于事前与民众或者利益集团沟通不够,往往导致政策执行不到位。罗兹还进一步指出,政策网络的互动,除了上述政策社群和议题网络外,还有以下四种类型:一是专业团体间的网络;二是政府间的网络;三是地域性网络;四是生产网络。①

罗伯特·里奇(Robert Leach)和简妮·珀西-史密斯(Janie Percy-Smith)认为,网络治理会对某些特定政策产生影响,尤其是跨越不同服务领域的公共政策,网络治理的影响作用更为明显。在网络治理环境下,必须促进部门之间或者跨部门的合作,包括公共部门、私人部门、第三部门或者志愿性组织和团体,进行多部门的协商合作。②

政策网络为跨域治理的展开提供了重要的参考方向。跨域治理就是为了解决权责不明、管辖权模糊或者跨部门、跨区域、跨领域的公共问题,政策网络理论正好可以发挥作用。可以将政府部门、私人企业、利益集团、社区组织以及非营利组织纳入跨域治理的互动机制之中,让这些不同的参与者面对共同的公共问题,通过平等对话、协调沟通,共同制定彼此都能接受的政策,相互交换所需的

---

① 林水吉. 跨域治理——理论与个案研析[M]. 台北:五南图书出版股份有限公司,2009:37.

② Robert Leach and Janie Percy-Smith. Local Governance in Britain[M]. Palgarve Publishers Ltd, 2001.

信息和资源，达成共识，协调行动，努力实现目标。

（二）协力治理理论

"协力"（collaboration）一词，与"协调"（coordination）、"合作"（cooperation）、"联盟"（coalition）、"联接"（networking）等词极为相似，有时可以混用。泰利略（T. Taillieu）曾经指出："协力是一种合作过程，由具自主性的参与者，彼此通过正式与非正式的协商管道互动，共同创造出规划，进而以制度结构管理它们之间的关系，促使参与者在议题处理中共同决定和执行，而这种过程结合了规范分享与共益互动。"①

怀特（S. K. White）对组织之间的"协调"与"合作"进行过仔细辨别，他指出，二者的差异在于是否具有共同制定决策的法则及分配资讯的标准。②"协调"关系比"合作"关系更为正式，通常具有正式的契约。"协力"关系比"协调"关系更进一步，需要具有更长久、更深入的关系，也就是说，组织之间在共同的愿景下作出全面的规划，并且维持频繁与明确的沟通，构建一个新的权威结构，由此达到共同的目的。跨域公共事务和公共问题往往复杂难解，需要通过跨区域、跨部门、跨领域的"协力"关系来解决。柏勒（D. Bailey）和克尼（K. M. Koney）对"合作"、"协调"、"协力"三者进行了区分，指出它们的差异所在："合作"是指完全独立的个体之间的资讯分享与相互的支持；"协调"是指独立个体之间的联盟行动，包括执行共同任务与追求相容的目标；"协力"是指一个组织放弃某种程度的自主性，与其他组织一起共同制定整合的策略与集体目标。③

与"协力"关系密切相联的是"伙伴"关系。"伙伴"关系是一种运作模式，是行动方式，是可以具体操作的方法，其形式种

---

① T. Taillieu: Collaborative Strategies and Multi-organizational Partnerships [M]. Leuven: Garant Publicaiton, 2001.

② S. K. White: The Recent Work of Jurgen Habermas: Reason, Justice and Modernity [M]. Cambridge: Cambridge University Press, 1988.

③ D. Bailey, K. M. Koney, Strategic Alliances among Health and Human Services Organizations [M]. Thousand Oaks: Sage, 2000.

类五花八门。为了处理日益纷繁复杂的公共事务和公共问题，公共部门、私人部门、非营利组织和社会公民有必要结成伙伴关系，开展协力治理。

协力治理是解决重大或复杂的公共事务和公共问题的一种行之有效的方式，协力治理的参与者除了公共部门、私人部门，还吸收了非营利组织和公民团体。协力治理的运作方式多种多样，尤其强调伙伴关系的地位和作用。在跨域治理实践中，诸如社会服务、治安管理、环境保护、灾害防治等社会公共事务，都需要协力治理。

（三）府际治理理论

府际治理，是指不同层级政府之间的网络治理。在解决跨域公共事务和公共问题的过程中，府际治理具有重要功能和作用。

一般来说，府际治理具有以下三种属性：

一是府际治理强调运用政策工具。政策工具是政府执行并实现其政策目标的一种手段，是试图影响某些重要经济或社会事件的一种方式。府际治理可以运用多种政策工具，如财政、信息、强制性权力、组织资源等，协调中央与地方政府的关系，解决府际争议，改变地方政府的行为，实现共同目标。

二是府际治理也是一种制度设计。将府际治理视为一种制度设计，规范组织与成员的行为，通过协商沟通，达成一致意见。府际治理作为一种稳定的制度，便于各个参与者分享资源和价值，形成共同观点，减少交易成本，达到治理目的。

三是府际治理又是一种网络治理。府际治理以公共事务和公共问题为导向，将多个治理主体聚集在一起，形成网络治理体系。府际治理经常面对不同区域范围内的公共事务和公共问题，涉及众多的治理主体，如国际组织、政府组织、市场组织、社区公民等。这些治理主体通过对话、协商、谈判、妥协等集体行动和集体选择，形成共同治理目标，构成资源共享、相互依赖、互惠互利、协力合作的机制，建立共同解决公共事务和公共问题的组织网络。

（四）多层次治理理论

当代社会既面临着经济全球化加快的趋势，又面临着国内地方分权加剧的趋势。在经济全球化的影响下，国家与国家之间的依赖性进一步增强，国家内部的权力不断向上集中；在国内地方分权的大趋势下，国家经济管理权限和其他权限不断向地方下放，国家内部的一些权力向下转移。在权力向上集中和向下转移的双重压力之下，整个国家内部的多层次治理于是逐渐形成。

多层次治理，是指在不同制度层次上各个治理系统之间协商式的交易行为。在解决跨域公共事务和公共问题时，传统的以层级节制、命令控制为基础的官僚制统治出现"失灵"现象，需要多层次治理进行弥补。多层次治理致力于构建不同层级政府之间、公私部门之间的协力伙伴关系，为跨域公共事务和公共问题的解决提供一种新机制。

1996年，加里·马克（Gary Marks）等在论述欧盟的结构发展与决策过程时，首先使用了"多层次治理"（multi-level governance）一词。① 他们认为，欧盟公共服务的决策是一种跨疆界、跨层级的"多层次"结构的运作，参与决策的组织，除了正式的政府体制如欧盟、国家、区域、地方政府，还有世界贸易组织、国际货币基金组织、世界银行等国际组织。多层次治理关注多核心和多层次的治理结构以及彼此重叠、相互竞争的管辖权限。面对纷繁复杂的公共问题时，需要通过多层次治理，寻找最适当的治理方案，达到预期的治理目的。

与传统的府际治理相比，多层次治理在以下四个方面存在差别：第一，多层次治理关注治理的系统，关注跨国家的、国家的以及次国家的制度与行动参与者；第二，多层次治理强调沟通和网络，将其作为界定制度关系的属性；第三，多层次治理认为非营利组织及其机构不是政府架构的正式部分；第四，多层次治理不会对不同制度层级之间的逻辑次序作出前置判断。

多层次治理强调议题的跨域性，资源的依赖性，功能的整合性，决策的公开性。多层次治理通过建构协力伙伴关系，运用资源

---

① Marks G, Hooghe L, Blank K: European Integration from the 1980s: State. Centric v. Multi. level Governance [J]. *Journal of Common Market Studies*, 1996 (3).

互享、功能整合的合作方式，解决许多纷繁复杂的跨域公共事务和公共问题。

可以说，多层次治理依赖于各种制度、各个组织的相互协调和合作。多层次治理不仅涉及空间上不同政治实体的运作，如国家、区域、地方、社区，而且强调每个层级的各个组织彼此之间的合作、渗透。通过这种合作来建立协力伙伴关系，不同层级组织的相对优势充分发挥、相互支持，推动跨域公共事务和公共问题的解决，达到预期的治理目的。

三、跨域治理的重要作用

面对跨域难解的公共事务和公共问题，跨域治理将众多治理主体集中起来，构成协力伙伴关系，并以催化性领导的危机处理能力，达到共同目的。跨域治理的良好效果，提升了政府公共服务的能力，增强了政府的竞争力。跨域治理的独特作用包括：构建协力伙伴型政府；开发跨部门政策；培养催化性领导。

（一）构建协力伙伴型政府

"伙伴"概念开始出现的时候，是针对某些特定的公共问题，如劳动就业、灾害防治等问题。渐渐地，随着政府职能的逐渐碎片化（fragmentation）以及公共领域问题的复杂化，伙伴概念扩大到运用于政府部门需要面对的公共问题。

协力伙伴型政府（joined-up government），是指地方政府就跨越地区、部门界限的公共问题进行协商，促使公共政策得到一致贯彻执行，并且提出共同的工作措施，进行一致行动，相互之间形成一种伙伴关系。这种协力伙伴型政府能够持续地强化工作目标，实现超越地方与部门界限的合作，对跨域公共事务和公共问题进行有效治理。

通过构建协力伙伴型政府，可以在以下几个方面取得更好效果：第一，能够创造新的途径来执行公共政策；第二，加强协调，克服政府部门之间的障碍；第三，主动共同协调，降低政策执行成本；第四，听取各个不同参与者的建议，最终达成一致意见；第五，采取一致行动，实现共同治理。①

面对跨域公共事务和公共问题，治理主体既数量众多，又各有其不同的利益诉求。在这种情况下，构建协力伙伴型政府，使各个治理主体以伙伴关系为前提，以平等的方式进行对话，积极开展合作，才能使政策执行更加顺利，政策效果更加明显，跨域公共事务和公共问题才能得到更好的解决。

（二）开发跨部门政策

跨部门政策（cross-cutting policy），强调的是解决那些制度上或组织管辖权所忽略、漠视的公共事务和公共问题，这些问题通常也是棘手的问题。

英国苏格兰地方政府在开发跨部门政策的实践中，积累了许多成功经验，其具体做法是：其一，政策涵盖与议题相关的领域和部门。其二，根据政策的优先性，由中央与地方取得明确的共识，再推动政策执行。其三，不额外增加区域层级的政府机关，避免政府机构膨胀和冗员增加。其四，吸纳私人部门与非营利组织参与政策制定过程，扩大公众参与。②

这些实践经验为跨域治理提供重要参考，是处理社会公共事务、解决跨域公共问题的行之有效的举措。

（三）培养催化性领导

美国哈佛大学教授詹姆斯·麦格雷戈·伯恩斯（James McGregor Burns）在《领导》一书里，提出了"转化性领导"这个核心概念。他试图建立一种可以跨文化、跨时代，并且适用于所有团体、组织和社区的领导理论。③ 他提出转化性领导的概念，意思是领导的过程必须被看做由冲突和权力构成的动态过程的组成部分，领导必须与集体目标相联系，依赖于一系列的社会过程，依赖于一

---

① 林水吉. 跨域治理——理论与个案研析 [M]. 台北：五南图书出版股份有限公司，2009：52.

② K. Hogg: Marking a Difference: Effective Implementation of Cross-Cutting Policy [J]. *A Scottish Executive Policy Unit Review Journal*, 2000, (7).

③ 珍妮特·V. 登哈特、罗伯特·B. 登哈特. 新公共服务：服务，而不是掌舵 [M]. 丁煌，译. 北京：中国人民大学出版社，2004：141.

系列与政治机会进行的互动，依赖于道德原则的感召与公认的权力之间的一系列相互影响。转化性领导产生于由"统治"走向"治理"的进程中，与传统领导存在差异。

针对公共组织独立行事的能力越来越有限，必须依赖许多其他的团体和组织来共同处理公共事务和公共问题，杰弗里·卢克（Jeffrey S. Luke）提出了催化性领导（catalytic leadership）的概念。① 珍妮特·V. 登哈特（Janet V. Denhardt）等进一步指出，在迅速变迁的社会环境系统中，领导渐渐地发生变化，不再是层级之中的身份地位，反而是发生在整个组织之中的一种互动过程。通过领导的过程，人们共同合作，实现他们所期望的价值。在进行选择的时候，不仅需要进行成本—效益的理性算计，而且尤其需要重视人类的普遍价值观。② 特别是在公共政策选择上，公共行政人员与公民要寻求共同合作，创新服务途径，实现治理目的。

催化性领导具有以下四项工作任务：其一，领导者必须专注于将问题提升到公共议程和政策议程之中。将一项特别的问题提高到公共问题的层次，需要对问题进行界定，指出解决问题的紧迫性，以引起社会公众的关注。其二，召集众多的群众与组织就政策议题进行集会协商。通过参与各方的讨论，界定出所有的利害关系人，了解问题的关键所在。其三，为了行动的顺利开展，必须提出多种行动策略与选择，并且培养有效的工作团体，共同达成一致的目标。其四，领导者必须推动合作行为制度化，通过信息反馈、经验交流等多种途径，保持密切联系，推动合作行动。③

面对与传统社会存在明显差异的新的社会环境，公共部门必须作出不同于以往的新回应。公共行政人员在催化性领导下，促进公民团体之间的合作，促使与公共问题相关的组织相互联系起来，形

---

① Jeffrey S. Luke. Catalytic Leadership [M]. San Francisco：Jossey-Bass Publishers，1998.

② 珍妮特·V. 登哈特、罗伯特·B. 登哈特. 新公共服务：服务，而不是掌舵 [M]. 丁煌，译. 北京：中国人民大学出版社，2004：159.

③ 珍妮特·V. 登哈特、罗伯特·B. 登哈特. 新公共服务：服务，而不是掌舵 [M]. 丁煌，译. 北京：中国人民大学出版社，2004：146-147.

成各种各样的网络，进行网络治理。在这些政策网络系统中，公共部门不仅仅是一般的行动参与者，还必须为公民团体打造起对话平台，促使他们进行对话与协商，协调众多参与者之间的利益，将资源进行合理有效的分配。在新环境下，政府必须作出快速回应，满足公民参与的要求，提高公共服务的质量与效益。

第二节　梁子湖水污染防治

水污染防治，特别是湖泊水污染防治，由于涉及多个行政区、多个部门、多个领域，经常成为棘手的现实问题。梁子湖水污染防治涉及湖北省政府和流域四市政府等多层级政府，湖泊与流域上下游关系复杂，水域与陆域情况有所不同，是典型的跨域公共事务和公共问题。

一、水污染防治的含义

水污染防治对于改善水质、保护生态环境具有决定性作用。由于水污染防治涉及多个主体、多个区域、多个领域，已经成为跨域公共事务和公共问题。准确理解水污染防治的含义，把握其基本特征，无论是对于理论研究层面还是实际操作层面，都是一项基础性工作。

（一）水污染

根据1984年颁布的《水污染防治法》，"水体因某种物质的介入，而导致其化学、物理、生物或者放射性等方面特征的改变，从而影响水的有效利用，危害人体健康或者破坏生态环境，造成水质恶化的现象称为水污染"。

水污染主要来源于人类活动产生的污染物，污染源包括工业污染源、农业污染源和生活污染源三大部分。其中，工业污染源中的废水、废物对水域的污染尤其严重，具有成分复杂、毒性大、不易净化、难以处理等特点。农业污染源主要包括牲畜粪便、农药、化肥等。由于水土流失严重，大量农药、化肥中的氮、磷、钾营养元素随表土流入江、河、湖、库，使湖泊受到富营养化污染，导致水质恶化。生活污染源主要是城市生活中使用的各种洗涤剂和污水、垃圾、粪便等，生活污水中含有氮、磷、硫等物质，含有多种致病细菌。

水是生命之源、生活生产之基。日益严重的水污染，对人类的生命健康构成重大威胁，成为人类身体健康、经济社会可持续发展的重大障碍。据世界卫生组织报道，全世界 1/5 的人口已经得不到安全的饮用水；人类 80% 的疾病与饮用水水质相关；世界上平均每 15 秒钟就有 1 名儿童因水质不良引发的疾病而死亡。据世界权威机构调查，在发展中国家，80% 的疾病是因为饮用了不卫生的水而传播的，全球每年有 2000 万人因饮用不卫生的水而死亡。有关专家认为，水污染已经成为"世界头号杀手"。[①] 工业用水被污染以后，需要进行处理才能使用，造成大量资源、能源的浪费。农业如果使用污水，农田遭受污染，土壤质量降低，就会导致农作物产量减少、品质降低，甚至使人畜受到伤害。

(二) 防治

防治，顾名思义，包括两层意思：一是预防；二是治疗、治理。预防，是针对可能产生的问题采取措施，以避免问题的出现。治理，是针对已经出现的问题采取措施，以求问题的好转。严格区分起来，预防与治理存在极大差别。但是，对于很多经济社会问题，如通货膨胀、经济腐败、环境保护、重大疾病、社会风险等，因为问题本身的系统性、复杂性、艰巨性，人们习惯于预防、治理并论，统称防治。

预防与治理的关系，应该把握四点：一是预防为主。对于可能产生的问题，主要是预防，以避免其出现。二是治理为先。对于已经出现的问题，需要立即进行治理，阻止其进一步恶化，促使其向好的方向转变。三是综合治理。解决已经出现的问题，确立系统的、全面的、整体的治理观念，采取多种多样的、综合治理的措施。四是防治结合。对于许多复杂的问题，涉及科学技术手段和工程措施，或者容易产生，或者经过治理后容易复发，必须既要预防又要治理，使问题处于可控制状态。

在日常生活中，人们对"预防"、"治理"的使用是有区别的，

---

① 刘浩军，王成辉．水污染成为"世界头号杀手"[N]．工人日报，2004-10-03．

但是对"防治"、"治理"常常混用，意思大体一致，并未严加区别。本书根据具体情况，有时为了行文方便，"防治"与"治理"也混用，其基本含义一样。

（三）水污染防治

水污染防治，是指对水污染现象的预防和治理。水污染防治包括对水污染的预防、治理两个方面，水体未污染时要预防其被污染，水体已经污染时要治理使其恢复，治理好转的水质仍然有被污染的可能，需要继续预防。水污染防治是一种持续不断的、循环往复的动态过程。

水污染的复杂性和预防工作的艰巨性，决定了水污染防治具有以下四个基本特征：一是跨域性。水污染防治往往跨越不同行政区、不同部门、不同领域，单纯依靠某一个行政区、部门、领域的努力，解决不了水污染问题。二是系统性。水污染防治构成一个复杂的系统，某一个方面的问题会引起其他方面的问题；解决了一个方面的问题也有利于解决其他方面的问题。比如，河流下游的水质明显受上游水质的影响；湖泊水质受来水水质的影响。三是综合性。水污染防治需要依靠科技手段、管理方式等多方面的力量，采取综合的预防和治理措施。随着科技进步，生物技术在水污染治理中发挥的作用越来越明显。四是长期性。水污染防治不会在短期内取得明显成效，只有进行长期的、持续不断的努力，才能改善水质、保持良好的水质。

我国高度重视水污染防治，以法律形式明确了水污染防治的原则。2008年2月，全国人民代表大会常务委员会修订通过的《中华人民共和国水污染防治法》规定，水污染防治应当坚持预防为主、防治结合、综合治理的原则，优先保护饮用水水源，严格控制工业污染、城镇生活污染，防治农业面源污染，积极推进生态治理工程建设，预防、控制和减少水环境污染和生态破坏。

湖泊水污染防治除了考虑一般水污染防治的情况外，还要考虑湖水的特殊性，即湖水的流动性更差，湖水水质与湖底泥土质量相关。这为湖泊水污染防治增加了难度，导致其防治任务更加艰巨。

二、梁子湖水污染情况

梁子湖历史上水质优良、生态环境良好，曾经是荆楚大地上的一颗璀璨明珠。改革开放以后,工业经济发展速度加快,农业面源污染增加,城镇生活污水直接排放,对梁子湖水质造成伤害。经过治理,现在梁子湖水污染状况有所改善,但是水污染防治仍然任重道远。

(一)梁子湖简介

梁子湖是全国十大著名淡水湖之一,位于湖北省东南部、长江中游南岸、武汉城市圈腹地,是湖北省第二大淡水湖,贮水量位居全省湖泊之首。梁子湖水面跨越鄂州市梁子湖区和武汉市江夏区(详见图1),在常年平均水位时,水面长度44300米,最大宽度9900米,面积225平方公里,平均水深2.54米,贮水量6.5亿立方米。梁子湖流域涉及武汉市江夏区、黄石市大冶市、鄂州市梁子湖区和咸宁市咸安区等四市(区)的17个乡镇,339个村民委员会(详见表1),流域面积2511平方公里,总人口约70万人,其中城镇常住人口9万人。

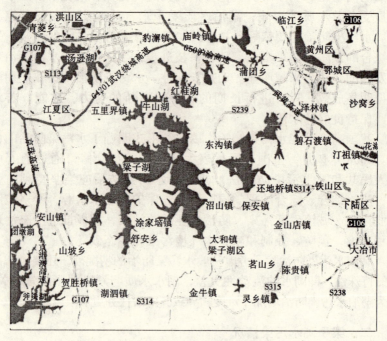

图1 梁子湖行政区划图

表1　　　　　　　　　　梁子湖流域乡镇情况表

	乡镇名称	村民委员会（个）	总人口（人）	面积（km²）
江夏区	流芳街	13	63 289	194
	藏龙岛	14	39 356	89
	五里界镇	20	50 108	221
	乌龙泉街	23	47 878	180
	山坡乡	42	53 989	323
	湖泗镇	24	30 065	82
	舒安乡	20	23 694	151
	小计	156	308 379	1240
梁子湖区	东沟	17	347 155	153
	沼山	18	42 279	84
	太和	23	48 640	84
	涂家垴	27	45 787	161
	小计	85	173 861	482
咸安区	高桥	11	22 164	92
	大幕	15	33 648	166
	贺胜	8	19 074	81
	横沟	10	31 743	115
	双溪	19	50 066	178
	小计	63	156 695	632
大冶市	金牛	35	63 057	157
	小计	35	63 057	157
	合计	339	701 992	2511

（资料来源：李兆华，孙大钟. 梁子湖生态环境保护研究［M］. 北京：科学出版社，2009：11.）

梁子湖以梁子岛为界，分为东西二湖：东梁子湖包括蔡家獭、涂镇湖、前獭、后獭、东湖、西湖等子湖，属于鄂州市；西梁子湖包括牛山湖、宁港、前江大湖、张桥湖、山坡湖、土地堂湖等子湖，属于武汉市江夏区（详见表2）。梁子湖以梁子岛为中心，湖上有岛，岛上有湖，大湖套小湖，母湖连子湖。梁子湖的湖汊众多，素有"九十九汊"之称。事实上，梁子湖的湖汊达360个之多。

表2　梁子湖流域集水面积与湖泊水面区域分布表

区域名称		面积（km²）	
大区	小区	小区	大区
牛山湖集水区	围堤内湖面	44.4	157.7
	围堤外湖面	6.9	
	湖面合计	51.3	
	陆上	106.4	
西梁子湖集水区（武汉市江夏水域）	围堤内湖面	127.8	744.7
	围堤外湖面	41.3	
	湖面合计	169.1	
	陆上	575.6	
东梁子湖集水区（鄂州水域）	围堤内湖面	96.8	1179.3
	围堤外湖面	23.1	
	湖面合计	119.9	
	陆上	1061.2	
梁子湖（东西）流域合计	围堤内湖面	224.6	1925.8
	围堤外湖面	64.4	
	湖面合计	289	
	陆上	1636.8	

续表

区域名称		面积（km²）	
大区	小区	小区	大区
全流域 （含牛山湖）	围堤内湖面	225	2083
	围堤外湖面	115	
	湖面合计	340	
	陆上	1743	

（资料来源：李兆华，孙大钟.梁子湖生态环境保护研究[M].北京：科学出版社，2009：15.）

梁子湖是全国保护最好的内陆淡水湖之一，也是长江中下游面积大于10平方公里的132个大型天然淡水湖泊中生态保护最好的湖泊。梁子湖生态系统比较完整、湖泊水质比较好，是我国许多珍稀濒危水生野生动植物的重要保存地。湖内有国家重点保护的4种植物和21种鸟类，是团头鲂（武昌鱼）、湖北圆吻鲴的原产地和标本模式产地，是中华鳖、青虾、中华绒螯蟹、皱纹冠蚌、日本沼虾等经济水生动物资源的重要保护地，是亚洲稀有水生植物物种蓝睡莲的唯一生存地，是我国新纪录物种和国际特有新纪录物种扬子狐尾藻的发现地。梁子湖有282种水生高等植物，是我国水生植物种类最多的湖泊。梁子湖是亚洲湿地保护名录中保存最完整的湿地之一。

（二）梁子湖水污染的产生

梁子湖地理位置优越，资源丰富，交通便利，为湖区经济社会发展提供了有利条件。改革开放以来，尤其是21世纪以来，凭借独特的资源优势和优越的区位优势，梁子湖湖区农业、渔业、工业和旅游业快速发展。在经济发展的同时，梁子湖生态环境压力加大，受到严重威胁。在生态方面，梁子湖面临生态系统局部碎化、植物种类构成逆向演变、动物多样性日益降低的压力；在水环境方面，梁子湖受到农业面源污染、城乡生活污水污染、水产养殖污染、集约化畜禽养殖污染、工业废水污染等多重污染，水污染问题一直没有得到很好地解决。

环境监测数据表明,2007年梁子湖入湖总氮超过环境容量7%,总磷超过98%。近两年,梁子湖的鄂州水域已不能满足Ⅲ类水体要求,总磷浓度为每升0.02~0.06毫克,水体呈中营养状态,水质正向恶化方向发展。① 鄂州区域内的牛山湖60%水质为Ⅴ类,其余是Ⅳ类,是污染严重的代表。

东梁子湖的主要进水口有三条,一是流经咸宁市咸安区的高河港,二是流经黄石市大冶市的金牛港,三是流经武汉市江夏区、鄂州市梁子湖区的谢埠港,这三条港每年接纳的工业废水超过600万吨。② 随着旅游业的快速发展,主要旅游区梁子岛每年产生的生活污水约10万吨。旅游机动船只日益增加,废油污染成为新的污染源。

由于湖水受到污染,梁子湖珍稀鱼类数量开始减少。梁子湖沿岸的芦苇荡里,天鹅、白鹳等国家一、二类保护鸟类过去曾栖息,现在已少见,鸳鸯、野鸭、章鸡等水禽栖息类动物也纷纷逃离;以往随处可见的各种水草及野生水藻植物,如水菱角、芡实、野莲等,现在也很难找到。

(三) 梁子湖水污染防治的效果

为了防治水污染、保护梁子湖,湖北省政府和省直有关部门,武汉、鄂州、黄石、咸宁四市和梁子湖相关管理部门做了许多工作,治理工作取得初步成效。

2009年6月,湖北梁子湖湖泊生态系统国家野外科学观测研究站发现,梁子湖有大量淡水桃花水母出现。桃花水母是地球上最低等级生物,出现时间比恐龙早几亿年,被喻为生物进化研究的"活化石"。桃花水母对生存环境有极高的要求,最佳生长环境是无污染、人为痕迹少的酸性水质,被国家列为世界最高级别的

---

① 欧亚,陈凌墨,王德华,高阳. 梁子湖报告 [N]. 楚天都市报,2010-03-25.

② 欧亚,陈凌墨,王德华,高阳. 梁子湖报告 [N]. 楚天都市报,2010-03-25.

"极危生物",更有"水中大熊猫"之美誉。如果水质受到污染,桃花水母有可能在数日之内灭绝。据武汉大学于丹教授说,这是1992年以来第一次在梁子湖发现桃花水母。桃花水母的出现,说明梁子湖水污染治理取得了成效,梁子湖水质状况正在向好的方向发展。

2009年11月,第十三届世界湖泊大会在湖北省武汉市召开,来自45个国家和地区的1500多位专家学者前往梁子湖考察,认为梁子湖流域具有独特的生态价值和相对良好的生态环境,成为我国一个珍贵的湖泊湿地资源。据武汉大学生态站的监测,2010年4月,梁子湖超过70%水域达到Ⅰ类水质,创18年来最好水质。

目前,梁子湖水质稳定,生态系统基本完好,营养状态总体呈中营养型,是国内保护最好的淡水湖泊之一。但是,梁子湖水污染形势依然严峻,水污染防治任务依然艰巨,需要付出长期艰苦的努力。

三、梁子湖水污染防治的重大意义

梁子湖位于武汉城市圈腹地,其水污染防治成效不仅对流域四市居民的生产生活产生直接影响,而且对整个武汉城市圈经济社会发展都有影响。武汉城市圈已经成为"全国资源节约型和环境友好型社会建设综合配套改革试验区",具有先行先试的条件,梁子湖水污染防治理应在水污染防治和水资源保护方面创造新鲜经验。梁子湖作为水质成功恢复的代表性湖泊,纳入国家重点湖泊水库生态安全调查及评估专项,其水污染防治情况在全国具有示范意义。

(一)加快转变经济发展方式的现实要求

传统粗放型经济发展方式由于资源消耗多、污染排放多、效率低下,已经对资源能源造成极大浪费,给生态环境造成极大破坏,加快转变经济发展方式刻不容缓。转变经济发展方式,治理污染、保护环境是重要切入点。对于污染严重、环境保护压力大的地区,加快转变经济发展方式尤其重要而紧迫。

建设资源节约型、环境友好型社会是加快转变经济发展方式的重要着力点。武汉城市圈已经成为"全国资源节约型和环境友好型社会建设综合配套改革试验区",应该解放思想、积极行动、大胆试验,为全国"两型社会"建设探索新路。梁子湖水污染防治工作要加大力度,进行管理创新,在管理体制机制方面创造新鲜经验。

加快转变经济发展方式,要求按照"发展是硬道理,环保是硬约束"的思路,实现经济发展和环境保护的双赢。从梁子湖地区的实际情况看,如果不严格治理污染、保护环境,就会影响经济发展。沿湖各地亟待形成优先保护生态环境的共识,把好环保准入关,严格控制新增各类污染项目,为梁子湖水污染防治作出最大努力。

(二) 保障和改善民生的客观需要

梁子湖不仅是沿湖居民的饮用水源地,还是武汉市、鄂州市、黄石市唯一的后备饮用水源地,防治梁子湖水污染是保障和改善民生的客观需要。如果地区经济实现了快速发展,人民收入水平也有了提高,但是环境质量不好,喝的是质量不高的水,就是民生没有得到保障和改善。梁子湖的水资源状态,直接关系着周边地区数百万人民群众的饮水安全。只有治理污染,搞好环境保护,人民群众的幸福指数才能提高。此外,梁子湖还是重要的工业和农业水源地,每年供应武钢、鄂钢、大冶金山店、程潮、乌龙泉矿山等工矿企业用水 2.49 亿立方米,灌溉受益农田近百万亩。梁子湖水污染防治直接关乎这些工矿企业职工、农村居民的经济收入,关系他们的生活水平提高。

"两型社会"建设,就是要实现经济发展与人口、资源、环境相协调,在节约资源、保护环境的前提下实现经济较快持续发展,促进人与自然和谐相处。在人与自然和谐相处的环境中,人们才能心情愉悦,精神振奋,身心健康。梁子湖生态系统完整,拥有长江中游典型的湿地景观和生物多样性,是全球湿地资源最齐全、生物多样性最丰富的湿地之一。梁子湖因为动植物的多样性与完整性,被专家学者誉为"化石型湖泊"、"物种基因库"和"鸟类乐园"。梁子湖水污染防治是实现人与自然和谐相处的必经之路,是保障和改善民生的长远之举。

好的生态环境是人民生活的基本需求。对生态环境负责，治理水污染等各种污染，保持蓝天、清水、净土，是地方政府应尽的责任，是保障民生的务实举措。梁子湖是武汉城市圈的重要生态屏障，处于武汉城市圈经济最为发达、人口最为密集的区域，对缓解经济密集区的发展给生态环境带来的负面影响，形成城市圈基本生态框架和生态调节功能，具有不可替代的作用。梁子湖地区各级政府都要提高认识，从保障和改善民生的高度，搞好水污染防治工作。

（三）担当示范全国重任的必然选择

2010年5月7日，国家环境保护部将梁子湖作为水质成功恢复的代表性湖泊，与代表黄河流域富营养化湖泊转好的乌梁素海、代表高山深水湖泊保护较好的抚仙湖一起作为"新三湖"，纳入国家重点湖泊水库生态安全调查及评估专项，担当起在全国示范的重任。这是对过去梁子湖水污染防治工作的肯定，也是一次难得的展示湖北形象的机遇。各有关方面要珍惜荣誉，抓住机遇，再接再厉，把梁子湖水污染防治工作做得更好。

梁子湖水污染防治过去取得了一定成绩，现在面临的形势依然比较严峻。应该清醒地认识到，梁子湖水污染治理不易，水质保持、生态环境恢复更难。梁子湖所在的长江中下游是我国淡水湖分布最密集的区域。全国面积大于10平方公里的210个淡水湖泊，分布在这里的就有132个，占总数的63%。由于流域的超强度开发和湖泊资源的超强度利用，这些淡水湖泊已经全部处于富营养化状态，水质持续下降。只有付出更多努力，将梁子湖水污染防治工作做得更好，再创佳绩，才能担当起示范全国的重任。梁子湖水污染防治的经验，尤其是管理体制机制方面的经验，要能够在长江中下游的淡水湖水污染防治中广泛运用，对其他淡水湖泊水污染防治也应该具有启迪意义。

机遇稍纵即逝。树立良好形象殊为不易，败坏良好形象易如反掌。经过这些年的治理，梁子湖水质已经有所好转，成为原生态湖泊生态系统科研和教学的重要基地。梁子湖虽然遭受人类活动的严重干扰，但还基本上保存着原生态系统的特点，有利于开展湖泊生态系统研究和教学工作。梁子湖水底种草治污的成功实践，堪称我国淡水湖生态治污的一个范例。要担当示范全国的重任，梁子湖水污染防治工作就必须加强，继续积极探索，在治理理念、思路、方式方法、措施等方面进行创新，争取创造湖泊水污染防治的新鲜经验。

第三节 梁子湖水污染跨域治理的必要性

现代社会生活中，由于社会分工日益细化，政府部门的职责日益清晰明确，面对大量的跨区域、跨部门、跨领域的社会公共事务和公共问题，政府作为治理主体虽然发挥了积极有效的作用，但是这种科层制治理的效果还不理想。市场机制在解决复杂多样的社会公共事务和公共问题中虽然具有独特优势，但是也会出现"市场失灵"现象。对这些棘手的社会公共事务和公共问题，必须树立跨域治理理念，采取跨域治理的手段和措施，才能取得比较理想的治理效果。

一、行政区划对跨域水污染治理的制约

水污染经常发生在不同的行政区域，水污染防治往往涉及不同区域、部门、领域，单靠某一个区域、部门、领域的努力，难以取得水污染防治的良好效果。在水污染防治实践中，行政区划对跨域水污染防治的制约现象经常发生，不利于水污染防治工作的开展。

（一）行政区划

行政区划是指国家对行政区域的划分。国家根据政治统治和行政管理的需要，遵循有关法律规定，充分考虑地理条件、经济联系、民族分布、历史传统、风俗习惯、地区差异、人口密度等客观因素，将国土划分为层次不同、大小不等的行政区域，并在各个区域设置地方国家机关，建立政府公共管理机构，为社会经济生活和人员交往明确空间位置。

行政区划的实质是国家权力在地域上的分配。从表面上看，行政区划只是把国家权力分成不同层次、不同大小的区域。这是行政

区划的基础，是行政区划的外在形式。就其内容和实质来说，通过这种行政区域的划分，国家赋予各个行政区域单位以相应的管理权限，以方便进行统治和管理。① 在公共管理实践中，行政区域单位的政府在社会公共事务和公共问题处理中往往发挥着主导作用。

对中央政府和地方政府来说，行政区划具有并不完全相同的意义。对中央政府而言，行政区划的主要目的在于进行有效的统治和管理，维护国家的统一和中央的权威；对地方政府而言，行政区划则是确定自治范围，明确管辖范围和相应的自主权。地方政府在管辖范围内具有一定自主权，对管辖范围内的社会公共事务和公共问题进行处理，对其他区域的公共事务和公共问题则无权过问。

（二）地方政府追求辖区利益最大化

改革开放以来，随着社会主义市场经济体制的建立与完善，同时行政管理体制改革不断推进，中央政府将权力逐渐向地方政府下放，使地方政府作为地方利益代表者的自主意识日益强化。行政区划明确以后，地方政府成为地方利益的代表者，追求本辖区利益的最大化。为了实现辖区利益最大化，地方政府之间形成一种既有竞争又有合作的关系。

地方政府之间的合作，部分来自中央政府的鼓励，更多地源于地方政府的自觉行为。地方政府的合作出现了多种方式：从合作的区域范围看，有省区之间的协作组织，省毗邻地区的合作区，省内的经济区，城市之间的双边合作；从合作的内容来看，包括全面合作协议，单个行业之间的合作，某个政府管理部门之间的合作，立法方面的合作；从合作的参与者看，有双边合作，也有多边合作。② 地方政府合作的领域不断深化，内容不断扩大。过去主要在经济领域进行合作，现在扩大到区域公共事务和公共问题的处理方面，如进行基础设施建设、开展环境保护、搭建信息服务平台。

---

① 张紧跟．当代中国政府间关系导论 [M]．北京：社会科学文献出版社，2009：34-35．

② 杨龙．地方政府合作的动力、过程与机制 [J]．中国行政管理，2008 (7)．

地方政府之间除了合作关系，还有竞争关系。事实上，现实生活中经常是竞争多于合作、大于合作。在计划经济体制下，地区经济发展主要依赖于中央政府的计划安排，地方利益在一定程度上被弱化；在市场经济体制下，各地区拥有经济发展的投资权和决策权，为了加快地方经济发展，地区之间往往展开激烈的竞争。① 地方政府之间的竞争压力，主要来自三个方面：一是本地居民的压力，即必须提高当地居民的生活质量和各种福利。二是其他地方政府的压力，即在地区发展中，不同地方政府的运行机制、地方性公共政策的差异影响着资源在地区间的流动。三是上级政府的压力，即地方政府是否具有发展的潜力和迫切要求，影响着上级政府对其在诸多方面的认同、支持或援助的程度。② 地方政府之间的竞争，调动了地方政府的积极性和创造性，促进了地方经济社会发展，为改善地方民生、促进社会和谐提供了前提条件。

（三）行政区划制约跨域水污染治理

在地方政府激烈的竞争过程中，出现了一种不良现象，就是有利于本辖区的事情各个地方政府都去争去抢，对本辖区无益或益处不大的事情各个地方政府就往往不管不顾。在跨域公共事务的处理和公共服务的供给上，这种现象表现得尤为突出。

在公共管理实践中，跨域环境保护、流域管理、基础设施建设、资源开发、流行性疾病防治等，往往成为错综复杂、难以解决的公共问题，由于缺乏有效的治理，出现了"公用地的灾难"。在行政区边界地区，基础设施建设往往比较落后。如公共交通建设，边界地区普遍存在过境交通线路少、质量差、路面标准低、断头路多的现象。在行政区划的制约下，河流的上下游之间、湖泊的周边地区之间、铁路的上下线之间，难以建立有效的合作关系。如太湖流域地区、淮河流域地区，经常发生相互转移环境污染的现象，导

---

① 叶裕民. 中国区际贸易冲突的形成机制与对策思路 [J]. 经济地理, 2000 (6).

② 郭荣星. 中国省级边界地区经济发展研究 [M]. 北京：海洋出版社, 1993：10.

致本来就难以解决的生态环境保护问题变得更加严重和复杂。

跨域水污染防治往往涉及多个行政区域，不同区域在水污染防治中的利益大小不同，对水污染防治的积极性和主动性就不一样。一条河流、一个湖泊，由于分属多个行政区域，导致对其治理和保护十分困难。现实中经常出现的一种现象是，上游地区对水污染防治不积极，下游地区对水污染防治呼声高。由于存在行政区划的制约，跨域水污染防治效果并不理想。

二、科层制治理对跨域水污染防治的失灵

科层制治理在公共管理实践中发挥了积极、重要的作用，提高了管理效率，促进了社会进步。但是，在处理日益增多的跨域公共事务和公共问题时，科层制治理的不足和弊端越来越明显。对跨域水污染防治这样的社会公共事务，科层制治理存在失灵现象。

（一）科层制

科层制，一般又称理性官僚制或官僚制。它是由德国社会学家马克斯·韦伯提出的一种重要公共管理理论。科层制基于法理型统治，是一种依照职能和职位进行分工和分层，以分部—分层、集权—统一、指挥—服从为特征，以规则为管理工具的等级组织体系和管理方式。韦伯从纯技术的角度认为，科层制具有最高的效率，是最好的组织形式和管理手段。科层制在精确性、稳定性、纪律严格性及可靠性上明显优于任何其他形式。正是因为这些优越性，科层制一出现就受到了普遍的赞誉和推崇。

科层制的主要特征是：第一，内部进行分工，每一个成员的权力和责任都以法规的形式进行严格的固定。第二，职位进行分等，各种职位按照权力等级组织起来，下级接受上级指挥。第三，依照规程办事，通过规则和程序来规范组织及其成员的行为。第四，重视正规的决策文书，以文件的形式下达决定和命令。第五，为组织成员提供专业培训，使其增强处理事务和解决问题的能力。第六，组织内部排除私人感情，成员之间的关系只是工作关系。[1] 现代科

---

[1] 丁煌. 西方行政学说史 [M]. 武汉：武汉大学出版社，1999：83-85.

层制表现为一整套持续一致的、程序化的"命令—服从"关系，权力运行向度是"自上而下"的，下级服从上级的命令和指挥。

科层体制是法律化的等级制度，官员的行动由处在更高一级的官员决定，个人在科层体制中被原子化了。科层制度就像一部运转良好的行政机器，成员只是整个机器的零部件，只需做好自己分内的事。在某些情况下，科层制过分的程序化可能导致效率低下。

（二）科层制治理发挥着主导作用

在公共管理实践中，我国政府之间纵向关系以上下级隶属关系为主，采取科层制组织形式，对社会事务实行科层制治理。长期以来，政府扮演全能政府、强势政府的角色，科层制治理在处理社会公共事务过程中始终发挥着主导作用。

科层制治理以行政层级为基础，主要采取"命令—服从"性的行政手段，强制性的法律手段和约束性的经济手段，对社会公共事务进行治理。在现行政治体制中，实行"下级服从上级"的原则，强调下级政府对上级政府的服从。同时，地方政府官员的任命基本上是由上级政府决定，而不是由当地居民"用手投票"来决定的。这就导致地方政府和地方官员以服从上级、执行命令为价值追求和行动指南，导致主观能动性和灵活性发挥不够，相互之间的合作机制难以建立。

政府包揽大量社会公共事务，采取科层制治理方式可谓简便易行。科层制治理不允许下级讨价还价，要求下级服从命令、坚决完成任务，表现出追求效率、强调责任、重视程序的倾向。在行政区划的影响下，地方政府对本辖区的社会公共事务负责，采取科层制治理方式，便于操作执行，减少运作成本，短期治理效果比较明显。

（三）科层制治理失灵的表现

随着社会发展和时代进步，跨域社会公共事务和公共问题大量出现。面对跨域事务和跨域议题，适应"烟囱工业时代"要求的科层制治理逐渐显得心有余而力不足，遭遇到许多困境：层级节制、上下对口的组织体系缺乏灵活性，难以适应环境的迅速变化；组织机构庞大、链条过长，上下左右职能部门囿于职责权限，相互之间沟通和协调十分困难，影响治理效率；权力集中于上级，规则体系严密而又繁琐，机构与人员的创新缺乏动力和激励；决策的民主性与科学性逐渐弱化，对具体问题难以合理决断，等等。科层制治理在跨域事务和跨域议题中出现"失灵"现象，需要引起关注和重视。

实际工作中，面对跨域基础设施建设、生态环境保护、重大疾病防治、突发社会公共危机处置等问题，科层制治理都存在"失灵"现象。地方政府对跨域公共事务的重要性认识有待提高，科层制治理的效果也大打折扣。具体到跨域水污染防治问题，科层制治理的"失灵"现象，主要表现在以下几个方面：

第一，地方政府之间经常相互推卸责任。各个地方政府都追求自身利益的最大化，对于存在外部性的公共问题，治理的积极性不高，落实上级政府的决定不力，推诿拖拉现象经常发生。第二，地方官员可能以权谋私。由于科层制治理缺乏严格的监督约束机制，公共活动中政府官员就可能借机追求私利。第三，面临极大的政策执行成本。由于地方政府很少将跨域水污染防治的经济社会成本与收入联系在一起，因而治理效率往往不高。运用命令和控制式的直接管理手段，在实施和强制执行过程中经常要付出极大的成本。第四，容易引起排污企业的不合作行为。科层制治理的"命令—服从"性治理方式，缺乏足够的灵活性和激励性。地方政府不仅对企业的环境行为在时间和指标上作出具体规定，而且对企业所采用的技术或手段也进行干预，甚至不切实际地要求企业使用最先进的工艺技术。这种做法往往导致企业的反感和不合作。第五，农村面源污染问题难以解决。"命令—服从"性水污染治理方式，针对具体的、可以用指标量化的环境问题以及点源污染问题，容易取得实效。对点多面广的农村面源污染问题，这种科层制治理方式往往难以取得明显效果。①

---

① 陈瑞莲等. 区域公共管理理论与实践研究 [M]. 北京：中国社会科学出版社，2008：201-202.

三、市场机制对跨域水污染防治的局限

随着产权理论的兴起和发展，在公共管理领域的影响逐渐扩大，形成了一种新的社会公共事务治理机制，这就是市场机制。面对跨域社会公共事务和公共问题，由于科层制治理存在失灵现象，市场机制就被认为是弥补科层制缺陷的一种治理方式。20世纪80年代以来，经济与合作组织成员国大量采用市场机制进行环境管理，运用排污权交易、环境税费、使用者收费、生态补偿机制等经济手段治理环境问题。① "十二五"期间，国家环境保护部将继续推动重点污染物减排，推进税收制度"绿色化"。中国环境宏观战略研究提出，要完善环境经济政策，推进生产、流通、分配、消费领域的环境保护。② 目前，在跨域水污染防治问题上，市场机制的主要手段就是排污权交易。

（一）排污权交易

排污权交易是指在污染物排放总量控制指标确定的情况下，利用市场机制，通过污染者之间排污权的交易，实现低成本的污染治理。③ 排污权交易允许企业合法进行污染物排放，允许企业将向环境排放污染物的权利在市场上交易，就是说企业的污染物排放权利可以如同商品一样，通过市场交易转让给其他企业、相关组织或政府等其他市场主体。

排污权交易制度源于美国。1968年，美国经济学家约翰·戴尔斯在《污染、财富与价格》一书中，首次系统地阐述了排污权交易这一概念。从1976年开始，美国国家环保局（EPA）将排污权交易政策用于大气污染源及河流污染源管理，后来逐步建立起以气泡（bubble）、补偿（offset）、银行（banking）和容量节余

---

① 朱德米. 地方政府与企业环境治理合作关系的形成——以太湖流域水污染防治为例[J]. 上海行政学院学报，2010（1）.
② 陈莹莹. 国家环境保护"十二五"规划有望近期出台[N]. 中国证券报，2011-04-22.
③ 张新. 排污权交易在中国很有前途[N]. 中国环境报，2001-06-30.

(netting) 为核心内容的一整套排污权交易体系,取得了良好的经济效益和环境效益。一些西方国家特别是欧盟国家,不同程度地采用美国的排污权交易政策,进行排污权交易的实践。近几年来,欧盟委员会一直致力于推出"欧盟温室气体排放权交易市场",澳大利亚、日本、新西兰、印度、墨西哥、智利、捷克、波兰、哥斯达黎加等国也积极在实践中推行排污权交易。

排污权交易制度在我国还处于试点阶段。2002年3月,国家环境保护总局决定与美国环保协会一起,在山东省、山西省、江苏省、河南省、上海市、天津市、柳州市以及中国华能集团公司,开展"推动中国二氧化硫排放总量控制及排污交易政策实施的研究项目"(简称"4+3+1"项目),标志着排污权交易开始试点。2008年1月1日开始,江苏省在太湖流域开展主要水污染物排污权有偿使用试点。2008年11月1日,《嘉兴市主要污染物排污权交易办法(试行)》开始实施。我国现行的排污制度是排污许可证制度。1985年,上海市在黄浦江上游水资源保护地区实行排污许可证制度。1988年3月,国家环保局下达《关于以总量控制为核心的〈水污染物排放许可证管理暂行办法〉和开展排放许可证试点工作的通知》,标志着排污许可证制度全面实施。2000年,排污许可证制度被确立为环境保护的基本制度,随后以法律的形式规定下来。[①] 我国开始排污权交易试点,希望利用市场调节的功能,将排污行为和排污者的自身利益联系起来,调动排污者减少排污量的积极性,实现对污染物排放的总量控制,达到治理污染的目的。

(二)排污权交易具有一定优势

作为一种以市场为基础的经济政策和经济激励手段,排污权交易具有一定优势,比如:可以对污水排放总量进行控制;企业可以更加灵活地选择控制污染的手段;排污权交易双方能够实现"双赢"。但是,由于排污权交易机制的运行需要许多限制性条件,因

---

① 李挚萍. 中国排污许可制度立法研究——兼谈环境保护基本制度之间协调 [A]. "环境法治与建设和谐社会——2007年全国环境资源法学研讨会"论文集. 兰州,2007.

此在实践中还难以取得预期效果。排污权交易需要的限制性条件主要有如下七个方面：

第一，排污权交易要严格限定在许可证的有效期之内生效。许可证的有效期一般规定为5年，如果超过有效期，就不能进行排污。第二，排污者对不同河段水质的影响难以控制。同一个排污者对不同河段水质的影响不同，交易往往限定在同一个小河流或一定河段的排污者之间。第三，交易限定在同一种污染物排放权的买卖。交易不能导致污染物排放量净增加，也要防止交易导致其他污染物排放量增加。第四，要保证数据充分准确。确定排污削减目标，估算污染源污染控制成本，都依赖于科学合理的数据。第五，交易的必要性受到限制。只有水质达不到要求，而且排污者有明确的排污要求时，排污权交易才是必要的。第六，交易的可行性受到限制。只有排污者的排污量很大，而且各个排污者污染控制的边际成本差异很大时，排污权交易才容易进行，取得良好效果。第七，要有机构进行严格管理。建立管理和监测机构，以利于排污权交易，而且管理重点要从一个个污染物的管理扩大到对最大允许排放量的管理。

（三）排污权交易在水污染跨域防治中的不足

排污权交易除了上述限制性条件之外，在流域水污染防治实践中也出现了"市场失灵"，其不足之处主要表现在：非点源污染具有分散性和随机性，难以实现排污权交易；管理和监测机构对排污权交易进行监督的费用，可能会大于排污权交易带来的经济效益；排污权交易市场可能存在信息不对称问题，谁是潜在的买方和卖方难以判断；企业有可能将多余的排污权储存起来，以供打击竞争对手或扩大生产之用；等等[1]。排污权交易的许多不足，导致其在跨域水污染防治中操作不便，效果尚不明显。

市场机制在跨域水污染防治中虽然具有一定优势，能够发挥一定作用，但是由于受许多条件的限制，实践中也存在不足之处，难

---

[1] 陈瑞莲等．区域公共管理理论与实践研究［M］．北京：中国社会科学出版社，2008：202-203.

以处理好水污染防治问题。适时引入跨域治理理论，探索一种新的治理方式和途径，避免"政府失灵"和"市场失灵"现象，才可能使跨域水污染防治问题得到较好的解决。

本章小结

现代社会是公共事务和公共问题日渐增多的社会，这些社会公共事务和公共问题往往都是跨区域、跨部门、跨领域的，单靠某一个区域、部门、领域的努力，解决不了那些错综复杂的问题。跨域治理理论的兴起和发展，为解决社会公共事务和公共问题提供了一种崭新的视角和有力的武器。本章从分析跨域治理理论入手，界定了跨域治理的概念，分析了跨域治理的理论渊源，探讨了跨域治理的独特作用；接着介绍了梁子湖水污染防治的情况，指出梁子湖水污染防治是一个跨区域、跨部门、跨领域的公共问题，解决好这个问题具有重大现实意义；最后阐释了梁子湖水污染防治与跨域治理理论的关系，鉴于科层制治理和市场机制在水污染防治中虽然发挥了积极作用，但是同时存在"政府失灵"、"市场失灵"现象，如果仅仅依靠它们的努力，还远远不能解决梁子湖水污染问题，而必须借助跨域治理理论，让多个治理主体共同发挥作用，综合运用多种治理工具，才能取得良好治理效果。本章对理论工具进行了梳理，对研究对象进行了介绍，对二者的关系进行了阐释，为后面的研究奠定了理论基础，构筑了研究平台和研究框架。

第二章
梁子湖水污染治理的现实状况

梁子湖水面涉及武汉市江夏区和鄂州市梁子湖区,梁子湖流域涉及武汉、鄂州、咸宁、黄石四市,梁子湖水污染防治是典型的跨区域、跨部门、跨领域的社会公共事务和公共问题。梁子湖水体受到污染以后,湖北省政府和流域四市政府采取行动,积极治理,取得了初步效果,湖水水质得以恢复,生态环境开始好转。但是,梁子湖水污染防治形势依然严峻,任务难言完成。本章回顾梁子湖水污染治理的历程,总结其做法,查找其存在的问题,把握梁子湖水污染治理的现实状况。全面准确了解梁子湖水污染治理的现实情况,才能更好地分析其原因,探寻其对策。

第一节 梁子湖水污染治理的历程回顾

梁子湖曾经和青海湖一样,是中国内陆保护得最好的湖泊。梁子湖湖水曾被联合国环境署检测为零污染,人畜可以直接饮用。然而,随着经济社会的快速发展,20世纪80年代梁子湖水体开始受到污染。经过湖北省政府和流域四市政府的努力治理,2010年,梁子湖水质有所好转。回顾梁子湖水污染防治的历程，根据对水污染防治的重视程度和防治效果，大致可以分为分散治理（2004年以前）、重点治理（2004—2010年）、全面防治（2010年以来）三个阶段。

一、分散治理阶段

2004年以前，梁子湖水污染治理没有引起足够重视，处于分散治理阶段。这个阶段，各地对梁子湖水污染治理的重视不够、力度不大，一边治理一边污染，治理效果不明显，污染程度加深。

由于江湖分割和围网养鱼，导致梁子湖的水草退化，生物多样性骤减，湖泊水质下降。1998年长江流域遭遇百年一遇的特大洪水，梁子湖长时间超负荷承载雨水，湖内挺水植物和沉水植物因被淹时间过长而大面积死亡，水生植被覆盖率减少了50%；氮、磷等溶入水体，水质急剧恶化。2000年，位于梁子湖水源上游的鄂州市一家化工公司将硫酸废水直接排放到湖里，4万多亩湖面被污染。在污染源下游2000米范围内，被污染的河水人畜不能饮用。用河水来灌溉，庄稼都枯死。[①] 2002年，位于梁子湖水源上游的咸宁市兴建了一些小造纸厂和小化工厂，工厂的废水也直接排入梁子湖，形成新的污染源。

与此同时，随着梁子湖的"武昌鱼"名气越来越大，湖边的渔民们盲目扩大了网箱养鱼的面积，由于大量投放鱼饲料，造成梁子湖水质变坏。此外，旅游业开始发展起来，梁子湖中间的梁子岛上游人增加，生活污水和垃圾得不到处理，随意往湖里排放，增加了梁子湖的污染。

2003年环境监测部门的数据显示，梁子湖鄂州水域的水质下降为 IV 类，水污染问题十分严重。梁子湖水污染问题给该区域工农业生产和人民生活带来极大的负面影响，直接威胁着该地区经济社会的健康、协调、可持续发展。

---

① 梁欣，文欣. 梁子湖不幸被玷污 工业废水长驱直入 [N]. 楚天都市报，2002-01-14.

二、重点治理阶段

梁子湖水污染问题逐渐受到社会广泛关注，引起政府重视。2004年4月《保护梁子湖协议》的签署，标志着梁子湖水污染防治全面展开，进入重点治理阶段。这一阶段以水污染治理为重点，湖北省政府和流域四市政府采取措施，力争梁子湖水质有所好转。从2004年开始重点治理，到2010年梁子湖水质好转，重点治理阶段任务基本完成。

梁子湖水污染问题受到社会广泛关注，引起了政府的高度重视。2004年4月22日，在长江日报社的动议和流域四市政府的积极响应下，经省政府同意，由省环保局主持，武汉、黄石、鄂州、咸宁四市政府有关负责人在武汉签署了《保护梁子湖协议》，湖北省首个"跨域保护"的政府协议诞生。《保护梁子湖协议》内容包括七大方面：一是成立梁子湖保护工作领导小组，不定期组织开展联合整治行动，年度轮回召开协调会，共商保护措施；二是将梁子湖保护工作纳入四市国民经济与社会发展计划；三是建立梁子湖规划听证制度，广泛接受社会监督；四是编制出台《梁子湖水污染防治规划》，向社会公布辖区内排污情况；五是加强梁子湖湿地自然保护区生态监管；六是加强水质监测，建立污染防范快速反应机制；七是加强警示教育，加大对梁子湖保护的宣传力度。

《保护梁子湖协议》的签署，标志着梁子湖水污染治理工作的正式开展。在武汉、黄石、鄂州、咸宁四市政府的领导与协调下，环保部门对梁子湖区域内的水污染防治实施监督管理，发改、交通、水利、卫生、建设、农业、林业、渔业、国土资源、旅游等有关部门按职责要求开展相关各项工作。

为了有效扭转梁子湖污染与破坏加剧的趋势，逐渐改善梁子湖的水质与生态环境，2007年7月20日，湖北省委、省政府召开专题会议，研究梁子湖生态环境保护工作。会议旗帜鲜明地强调"坚持梁子湖'保护第一、合理利用'的方针，开发利用要服从于保护"，并责成省发展和改革委员会牵头，组织相关部门，根据梁子湖流域水资源承载能力和保护目标，在充分考虑流域水环境容量、确定功能定位的基础上，科学制定和实施梁子湖生态环境保护规划。这次会议的召开，说明湖北省委、省政府对梁子湖水污染治理和环境保护工作高度重视，标志着梁子湖环境保护问题已经成为省级政府关注的重大问题。

为了加强对梁子湖的统一管理，2007年12月，湖北省政府下发《省人民政府关于梁子湖管理局开展相对集中的行政处罚权工作的批复》，批准梁子湖管理局在梁子湖范围内（梁子湖水域、岸线）开展相对集中的行政处罚权工作，具体行使渔政管理、野生动植物保护、湿地自然保护区管理、旅游管理、船舶检验及港航管理、水生动植物检验检疫、环境保护管理、水资源管理等八个方面的行政处罚权。文件要求相关部门不要再行使已经统一由梁子湖管理局行使的行政处罚权；对梁子湖管理局依法履行职责的活动，相关部门应予以支持、配合。

武汉、黄石、鄂州、咸宁四市政府和湖北省政府相关部门，为梁子湖水污染防治付出了努力，采取了一系列措施，取得了一定效果，梁子湖水质有所好转。

但是，由于各地方政府都追求自己利益的最大化，《保护梁子湖协议》执行的效果并不理想。比如，四市虽然都划定了各自的开发红线，但红线划定存在随意性与人为因素，没有统一标准。有的地方为了大力发展养殖业，就会故意把一些湖汊划在红线之外。面对这种情况，有的专家甚至激愤地说："因各方利益，协议成了表面文章。"① 梁子湖水污染治理措施还要加强，治理力度还要加大。

三、全面防治阶段

2010年9月，湖北省政府出台《梁子湖生态环境保护规划（2010—2014年）》，标志着梁子湖水污染防治工作迈上新台阶，进入全面防治阶段。由此开始，不仅要治理梁子湖已经产生的水污

---

① 王树春，李海洋. 规模化畜禽养殖污染梁子湖受关注［N］. 湖北日报，2009-11-05.

染，还要预防梁子湖可能出现的水污染，要保持已经取得的水污染治理成果，争取水质持续好转、恢复到理想状态。

省发改委于2007年9月牵头成立规划起草专班，环保、农业、水利、林业、住建、旅游等省直部门和湖北大学资源环境学院参加。历时一年的考察调研结束后，规划起草专班完成了《梁子湖生态环境保护规划》（以下简称《规划》）初稿。在反复征求省直相关部门和流域四市意见的基础上，起草专班形成了《规划》送审稿，并通过了专家评审。2009年11月，湖北省政府常务会议原则通过了《梁子湖生态环境保护规划》。2010年7月，省委常委会议讨论通过了《梁子湖生态环境保护规划》。2010年9月，湖北省政府正式出台《梁子湖生态环境保护规划（2010—2014年）》。《规划》打破了流域四市各自为政的环境保护局面，是一个跨区域、全流域的保护规划，也是湖北省的第一个全流域湖泊保护规划。

《规划》明确梁子湖生态环境保护的总体目标是：到2014年梁子湖水质稳定达标，主要污染物排放得到有效控制，生物多样性维持稳定，湖区经济保持又好又快的发展，有利于梁子湖生态环境保护的法规、政策和管理体系初步形成。

《规划》提出了梁子湖生态环境保护的五大任务：一是控制污染物排放总量。污染物排放总量控制以总磷为重点，2014年总磷入湖量在2008年的基础上削减30%以上。二是防治水污染。加大工业污染防治力度，加快城镇生活污水处理设施建设，控制农村生活污染和面源污染，加大湖面机动船舶燃油污染防治力度。三是修复生态系统。为了防止湖泊水面碎化，确保水生态系统的完整性，在湖泊保护区实施"三线"保护对策。四是合理利用资源。在"保护第一"的前提下，科学合理利用资源。五是建立长效保护机制。制定"梁子湖综合管理办法"、"梁子湖生态环境保护条例"，逐级落实责任，建立考核机制，实行严格的问责制，确保规划目标的落实。

按照《规划》，梁子湖流域分为湖泊保护区、环湖环境保护区、上游集水区等3个生态功能区，并提出23个禁止行为规定。

计划投资近6亿元处理流域污水，在周边禁止可能污染水质或破坏生态环境的活动，力争将梁子湖打造成全国淡水湖泊生态环境保护的典范。

第二节 梁子湖水污染治理的主要做法

梁子湖水污染治理经历了由分散治理到初步治理再到全面防治的过程，政府重视程度不断提高、工作措施不断推出，从而使水污染治理取得一定成效。归纳梁子湖水污染治理的主要做法，有如下几个方面。

一、流域四市政府各有工作重点

近几年来，武汉、黄石、鄂州、咸宁四市政府及其相关部门积极行动，为治理梁子湖水污染采取了一系列措施，工作中各有侧重点，取得了一定治理效果。

（一）武汉市加大监管力度

梁子湖水面涉及武汉市江夏区，不涉及武汉市其他区。为了防治梁子湖水污染，武汉市江夏区政府采取了以下主要措施：

第一，对已经引进的项目，严格按照国家要求执行环境影响评价制度和环保"三同时"制度。以灵山农业园为中心的5个生猪养殖场，已经全部按环境影响评价的要求采取环保措施，建成污水处理设施，做到污染物达标排放。

第二，拒绝审批梁子湖周边废水排放量大、对生态环境破坏严重、占用土地过多的建设项目。

第三，加大监管力度。对向梁子湖排放污染物的单位加强了日常检查和突击检查，依靠群众监督和新闻监督，鼓励市民举报，严肃查处违法排污、超标排污行为。

第四，加强水质监控。武汉市江夏区环保局对梁子湖（包括牛山湖）水质每月监测一次，定期向社会公布梁子湖水质状况。

第五，深入开展宣传教育，提高各级领导和广大市民的水环境保护意识。深入开展环境现状、环保国策教育和宣传，使市民树立环境忧患意识、法制意识和参与意识，自觉抵制破坏环境违法行为，倡导有利于水环境保护的文明生活方式。

（二）鄂州市严防产生新污染

鄂州市政府在梁子湖水污染防治上采取了一系列措施，取得了初步成效。

一是对新建项目进行严格的环保审批，严防新污染源的产生。根据保护梁子湖的要求，严把环保第一审批权，抬高企业准入门槛，严格执行"环评"制度和"三同时"制度，禁止新建污水排放企业。

二是不以牺牲环境为代价发展经济，坚决打击违法排污企业。2007年关闭了纳税大户独峰公司，关停了凤凰薯业公司和涂镇茭头厂；2009年关闭了5家氧化铜厂。

三是扎实推进矿产资源保护，科学规划、严格控制开采点和开采量，并做到"谁开采、谁复绿"。截至2010年，已经关停40多家非金属矿山。有计划有目的地将工矿企业向下游黄家山地区转移，彻底减少工业排放对梁子湖的影响。

四是对梁子湖植被进行恢复。几年来，梁子湖水域以种植黄丝草等水生植物为主，恢复水下植被，进行生态性修复。目前，梁子湖水草覆盖率占湖泊面积的80%，实施人工恢复20万亩以上，接近湖面面积的50%。

五是大力推行"村收集、镇集中"的垃圾处理模式。先后在镇（乡）政府所在地建设农村生活垃圾填埋场12个，大部分行政村实行垃圾村收集、镇（乡）集中卫生填埋。在梁子湖周边村镇实施生态家园建设，已经建设农村沼气池1万口，同步改水、改厕、改圈1万户，减少生活污水对梁子湖的污染。外运梁子岛上生活垃圾，启动梁子岛污水处理厂建设，净化处理生活污水，禁止使用泡沫制品。

（三）黄石市实行源头控制

黄石市政府为保护梁子湖生态环境，采取了一系列措施，主要包括：

一是加强高河港和虹川港环境保护，确保饮用水环境安全。黄石市将虬川港金牛镇生活饮用水取水点划为饮用水源地二级保护区，规定保护区内严禁建设排放工业废水的企业，已经建成的实行限期治理，治理难度大的实行关停。同时加强了高河港和虬川港两港的监督管理，定期对两港进行常规监测，及时掌握两港水质情况。2010年监测结果表明，除总氮指标略有超标外，两港其他各监测指标均达到Ⅲ类水质标准，水质保持稳定。

二是加强流域环境综合整治，努力改善区域生态环境质量。大冶市一方面依托金牛镇境内丰富的农林资源，全面开展封山植树种草，退耕还林，建设生态农业。另一方面，开展水土流失整治工程，在两港上游低丘岗坡区逐步营造水源涵养林，调节径流，拦截泥沙，对出现崩塌、滑坡等重力侵蚀港段，实施砌石护坡、沿岸营造护堤护岸林带等措施，使水土流失面积得到治理，山林、港渠的生态调节能力增强。与此同时，加大对金牛镇农业面源污染的控制力度，鼓励畜禽粪便资源化，严格控制氮肥、磷肥施用量和畜禽养殖废物的排放，并积极探索农药、化肥污染防治的有效途径，促进农用化学品的合理使用。

三是实行源头控制，严把新建项目审批关。高河港和虬川港流域矿产资源较为贫乏，主要以农业生产为主，企业数量较少，经济较为落后。在建设项目环境管理上，严格执行建设项目环境影响评价制度和"三同时"制度，坚决否决在虬川港流域建设工业污染型项目，控制新污染源的产生。

四是继续开展专项整治，改善流域环境质量。通过采取拔杆子、拆房子、拆机子、毁池子等强硬举措，对影响重点区域、重点流域环境质量，影响群众生产生活、群众反映强烈的"五小"企业予以坚决取缔。在金牛镇范围内的硫铁矿、铁红厂、钒厂、选厂、洗矿厂等污染企业相继被关闭。

五是开展流域环境综合治理，对两港进行疏浚护砌。金牛镇在经济困难的情况下，为保护虬川港、高河港的水环境，投资200万元对两河进行疏浚护砌，同时加强区域的绿化工作。

六是开展连片村庄环境综合整治。2010年，大冶市计划对金牛镇及灵乡镇下辖的41个村庄进行环境综合整治，项目分三年实施。确保村民饮用水卫生合格率≥100%；生活污水处理率≥70%；生活垃圾定点存放清运率100%，生活垃圾无害化处理率≥70%；畜禽粪便得到有效处理且综合利用率≥70%。

（四）咸宁市控制工业污染

咸宁市政府把梁子湖上游高桥河水污染治理作为一项重点工作，结合全国开展的"整治违法排污企业，保障群众身体健康"环保专项行动，对高桥河的主要工业污染源——精华纺织有限公司，加大污染治理力度和查处力度，使其杜绝污染偷排和直排，污水排放达国家一级排放标准，遏制了高桥河水质恶化趋势。2007年3月，精华纺织有限公司污水处理工程通过省环保局验收合格。目前，该公司脱胶生产线已经压缩到10条以下，排污量控制在现有的污水处理厂负荷之内，减少了梁子湖的污染负荷。据监测数据显示，高桥河双溪段河水水质良好。

2010年，咸宁市政府确定高桥河流域为农村环境连片整治示范区，制定了《咸宁高桥河流域生态示范区项目初步方案》，示范区包括高桥河流域连片的80个村庄，拟先期用2年时间整治完成沿高桥河人口集中地带22个建制村的环境整治任务，力争这22个建制村达到创建省级环境优美生态村要求，然后示范推广辐射到其余的58个村庄。目前，已完成咸安区高桥河流域连片村庄环境综合整治项目可行性研究报告，成立了咸安区高桥河流域连片村庄环境综合整治项目领导小组。

二、省直相关部门积极参与

省直相关部门按照省委、省政府的安排部署，发挥职能作用，积极参与梁子湖水污染治理。梁子湖水污染治理涉及多个政府职能部门，它们各自在职责范围内开展了工作，这里重点介绍省发改委、省环保厅、省农业厅的工作情况。

（一）省发改委编制保护规划

省发改委按照2007年湖北省委、省政府专题会议纪要的要求，主持编制梁子湖生态环境保护规划。

2007年8月，省发改委就梁子湖生态环境保护规划编制问题，与农业、林业、建设、水利、旅游、环保等省直相关部门进行沟通，并征求湖北大学环境资源学院等省内相关科研院所专家的意见，确定研究的基本思路和技术路线。

2007年9月，省发改委主持召开了梁子湖生态环境保护规划编制第一次工作会议，规划编制课题组成员参加会议，讨论通过规划编制工作方案。

2007年10月，省发改委组织课题组成员赴梁子湖地区调研，分别在武汉市江夏区、咸宁市咸安区、黄石市大冶市、鄂州市、省梁子湖管理局召开座谈会，听取各地和相关单位的意见和建议。

2007年12月，相关参研部门分别完成了工业、农业、农业面源、旅游、林业、水产、畜牧、水利等8个专题研究报告。

2007年11月至2008年5月，规划编制课题组在专题研究报告的基础上，撰写研究总报告，并编制了《梁子湖生态环境保护规划》。

此后，该规划经过省政府常务会议、省委常委会议讨论通过，由省政府于2010年9月正式出台。这是一个跨区域、全流域的保护规划，为梁子湖水污染治理、生态环境保护提供保障。

（二）省环保厅进行具体指导

从2000年开始，全省环保执法专项行动持续将集中打击梁子湖流域环境违法行为作为工作重点，查处了一批群众反映强烈的突出环境违法案件。

省环保厅列支专项资金，支持梁子岛完成污水处理厂和配套管网建设，对排水管网实施雨污分流改造。整合国家和省级环保专项资金，推进梁子湖流域农村环境综合整治和鄂州长港示范带连片环境综合整治，鄂州长港环境连片整治项目已建成集中式生活污水处理设施7套、分散型生活污水处理装置69套。在环梁子湖区域推行清水养殖试点，促进农业面源污染的减控。

依法加强监管，在梁子湖流域内重点污染源安装污染物排放在线监控装置。每月开展一次梁子湖水质常规监测，每季度开展一次生物监测，并建立汛期应急监测机制，配备专业的环境监测船，设置两个水质自动监测点位，实时掌握梁子湖水质状况。

（三）省农业厅治理水污染

湖北省梁子湖管理局由省农业厅水产局设立，省政府赋予其一定的行政处罚权。为强化梁子湖生态建设和环境保护工作，省梁子湖管理局采取了综合治理措施。

一是认真做好水污染防控，严厉处理水污染案件。2009年，查处了两起环境污染案件：对武汉市梦天湖娱乐有限公司（梁子岛梦天湖生态园）涉嫌私设暗管排污给予行政处罚，通过梁子湖区法院执行处罚；中国移动公司鄂州市分公司光缆施工工程给梁子湖湖区造成环境影响，达成了补偿协议。

二是开展人工增殖放流工作。为增加梁子湖鱼类种群数量，调节鱼类品种结构，达到保护水草、净化水质的目的，每年都成立鱼种投放工作专班，制定人工增殖放流工作方案，选购优质青、草、鲢、鳙四大家鱼苗种，投放梁子湖。

三是实施梁子湖生态修复工程。目前已进行16000亩拆围区域水生植被受损区第一期修复，建立8000亩观赏和经济水生植物区。

四是加大机动船舶监管力度。针对机动船舶业主环保意识差的现象，一方面，做好环境保护的宣传，搞好从业人员的业务知识培训；另一方面，在梁子湖4大码头共设置8个含油污水接收桶，用于接收机动船舶保养、维修时产生的废油废水，减少机动船舶对梁子湖产生的污染。

五是严密监控和治理沿湖工业企业污染。开展污染整治，于2007年9月15日正式关闭鄂州独峰化工厂，沿湖工业污染治理迈出坚实一步。经过努力，江夏立新养猪场已于2009年10月建立污水处理系统，12月通过验收，达到污染零排放标准。

六是认真开展梁子湖围栏拆除工作。自2006年3月开始，分五批完成面积52132亩围栏的拆除工作。

七是严格控制外来有害物种的蔓延。每年都对外来物种进行打捞和处理。对于水葫芦，先进行集中打捞，然后暴晒焚烧，以防蔓延扩散。对于巴西龟，一方面，做好舆论宣传，向放生巴西龟者阐明外来物种对梁子湖的有害性和负面影响，劝阻投放；另一方面，对梁子湖旅游市场销售巴西龟现象进行治理，对销售的巴西龟进行没收、销毁。

三、制定实施相关地方性法规

法律规章通过规范相关主体的行为,更能够产生长久效力。在梁子湖水污染治理实践中,武汉、鄂州市出台了相关地方性法规和行政规章,推动水污染治理顺利开展。

(一)武汉市颁布实施《武汉市湖泊保护条例》和《武汉市湖泊整治管理办法》

2001年11月,武汉市人大常委会出台《武汉市湖泊保护条例》,对湖泊水污染防治进行规定,明确指出:"禁止向湖泊排放未经处理或者虽经处理但未达到国家、省、市规定标准的工业废水和生活污水;禁止向湖泊倾倒垃圾、渣土及有毒、有害物质。"

2005年8月,武汉市人民政府出台《武汉市湖泊保护条例实施细则》,对市、区政府及其相关部门的职责进行明确界定,并指出:"市、区人民政府应当采取有利于湖泊保护的经济技术政策和措施,防止湖泊水面减少、湖泊污染,改善湖泊生态环境,增加投入,保证湖泊保护工作所需经费。""市、区人民政府应当将湖泊保护工作纳入政府目标管理,加强对水务、规划、国土资源、城管执法、环保、农业、林业、园林绿化等部门的目标考核。湖泊保护工作的目标管理应当包括湖泊执法巡查、检查和湖泊整治、责任追究等内容。"

2010年6月,武汉市人民政府出台《武汉市湖泊整治管理办法》,进一步明确了湖泊整治的责任主体、资金渠道、法律责任,该办法提出:"湖泊整治应当达到下列目标:(1)湖泊水质达到湖泊水功能区水质管理目标,入湖水质不低于湖泊水功能区水质标准;(2)湖泊自然修复能力恢复或者增强;(3)湖泊岸线固定;(4)湖泊配套建设的排水泵站、污水处理设施、园林小品等市政设施应当与湖泊景观相协调;(5)湖泊周边污染源得到有效防治。"

(二) 鄂州市出台《鄂州市实施排污许可证管理办法》和《鄂州市选矿行业管理暂行办法》

鄂州市政府于 1998 年在全省率先出台《鄂州市实施排污许可证管理办法》，对全市重点排污单位实行排污许可监管。目前，已有 200 多家企业实行持证排污，并实行年审制度。实施排污许可证制度，有利于规范企业排污行为，推进建设项目环保管理，促进限期治理，完成减排目标。

2009 年 11 月，鄂州市政府出台《鄂州市选矿行业管理暂行办法》，明确规定："选矿企业直接或间接向环境排放污染物的，应当依法申请排污许可证，按照排污许可证核定的污染物种类、控制指标和规定排污，禁止无证排污。""选矿企业环境影响评价文件批准后，企业性质、规模、地点、采用的生产工艺或者防治污染、防止生态破坏的措施发生重大变动的，应当重新报批环评文件。"

四、新闻媒体追踪报道

报纸、电视台、广播电台、期刊、网络等新闻媒体及时发布水污染防治方面的政策法规，报道省委省政府和各地水污染治理方面的最新动态，介绍外地防治水污染的好做法好经验，对污染梁子湖的不法行为进行跟踪报道监督执行，在梁子湖水污染治理中发挥了舆论监督作用。湖北省"环保世纪行"活动一直把水资源保护作为重点，对梁子湖水污染问题抓住不放，进行重点采访报道，促进水污染防治和生态保护工作。在此以楚天都市报、长江日报、湖北日报等报纸对梁子湖水污染治理情况的追踪报道为例，说明新闻媒体发挥的积极作用。

(一) 楚天都市报跟踪报道

在工业废水开始给梁子湖造成恶劣影响的时候，《楚天都市报》就于 2002 年 1 月 14 日发表了《梁子湖不幸被玷污 工业废水长驱直入》的文章，披露位于鄂州市梁子湖区的某化工公司将硫酸废水直接排入梁子湖的违法事实。①

2010年3月25日,《楚天都市报》推出深度调查报告《梁子湖报告》,陈述梁子湖保护中存在的管理体制问题、污染严重问题,并介绍了相关专家学者的意见建议。②随后,《楚天都市报》接连刊发7篇后续报道,介绍了云南滇池、杭州西溪的水污染治理经验,相关专家学者的观点,读者的议论,相关地方政府的治理行动,省人大的立法计划,等等。

(二) 长江日报倡导合作治理

2004年4月22日,在长江日报社的动议和流域四市政府的积极响应下,武汉、黄石、鄂州、咸宁四市政府有关负责人在武汉共同签署了《保护梁子湖协议》,湖北省首个"跨域保护"的政府协议宣告诞生。

2009年4月13日,长江日报发表了长篇文章《梁子湖:利益博弈下的救赎》,介绍地方政府开展"拆除湖中围栏"、"关停排污工厂"的工作,实现"湖泊水质变清"的转变,说明梁子湖管理存在"开发保护两难"、"多头管理困局",指出了"可能的出路"。③

2010年12月15日,《长江日报》发表题为《梁子湖将成武汉市应急水源地 要求强制性保护》的消息称,武汉市水务局透露,《梁子湖水资源保护规划(初稿)》已编制完成,至2015年,将查清梁子湖水资源现状,控制污染物排放,划定湖泊水域控制线及水源地保护区,强制性保护城市后备应急水源。④

---

① 梁欣,文欣. 梁子湖不幸被玷污 工业废水长驱直入 [N]. 楚天都市报,2002-01-14.

② 欧亚,陈凌墨,王德华,高阳. 梁子湖报告 [N]. 楚天都市报,2010-03-25.

③ 瞿凌云,董晓勋. 梁子湖:利益博弈下的救赎 [N]. 长江日报,2009-04-13.

④ 冯劲松,高山. 梁子湖将成武汉市应急水源地 要求强制性保护 [N]. 长江日报,2010-12-15.

(三) 湖北日报组织系列报道

2010年6月10日,《湖北日报》推出《梁子湖观察》系列报道。① 文章认为,建立梁子湖长效保护体制机制,不仅意义重大、责任重大,也迫在眉睫。希望通过系列报道,与读者共同探讨如何转变经济发展方式,升级、转移传统产业,建立和谐的人水关系。

2010年6月19日,《湖北日报》刊登《梁子湖采访归来谈》,进一步对梁子湖水污染防治和环境保护问题进行探讨。② 文章认为,梁子湖长效保护模式的探索,极具前瞻性、示范性、开创性。梁子湖是一个创新的大舞台,湖北人应该有勇气和能力,在制度创新上有所作为,开创示范全国的梁子湖模式。

第三节 梁子湖水污染防治存在的问题

为了治理梁子湖水污染和保护生态环境,湖北省各级党委、政府高度重视、积极行动,梁子湖水污染治理取得了一定成绩。同时,由于水污染防治是跨域社会公共事务,堪称系统工程,梁子湖水环境仍然存在多方面隐忧,因此梁子湖水污染防治任务依然十分艰巨。当前,梁子湖水污染防治工作面临的突出问题,主要表现在水污染形势依然严峻、沿湖基层政府认识不一致、管理机制不够完善、区域合作机制欠缺等方面。

一、水污染形势依然严峻

在梁子湖水污染治理过程中,地方政府和相关部门都采取了一些措施,注重从源头上控制污染源,加强对排污企业的监管,加大对环境违法违规行为的查处力度,治理取得初步成效。但是,梁子湖水污染还面临严峻形势。

(一) 工业污染尚未得到彻底遏制

梁子湖流域部分工业企业清洁生产水平比较低,污染处理设备

---

① 刘长松,李新龙. 梁子湖观察 [N]. 湖北日报, 2010-06-10.
② 刘长松,李新龙. 梁子湖采访归来谈 [N]. 湖北日报, 2010-06-19.

不齐全，污染处理能力不强，环境污染负荷较大。咸宁市咸安区苎麻纺织业等重污染企业的排污行为虽然受到控制，但是并未得到彻底遏制，少数企业仍然偷偷排放未经任何处理的污水。工业企业排放的污水，对梁子湖的水质伤害极大。据鄂州市环保部门的调查分析，东梁子湖的三条主要进水港高河港、金牛港、谢埠港，每年接纳的工业废水仍然超过600万吨。

（二）养殖业威胁着水环境

部分经营者在梁子湖内围网养殖，在围网内盲目增加水产养殖种类，增加放养密度，大量投入化肥和有机饲料，造成水中缺氧，水质下降。近几年来，农业部门虽然进行了声势浩大的拆围，取得了一定成绩，但围网养殖现象依然存在，少数地方甚至还比较严重。一些地方湖周浅滩围垦以及圈湖养殖发展迅猛，如武汉江夏区梁子湖水域有一个围子，面积就达十万亩。这些围湾、围汊养殖，人为造成水面分割，导致湖水流动性减小，自净能力下降，湿地生态系统遭到破坏，水禽栖息环境和取食地萎缩。

除了湖中的围网养殖、湖边的围湾围汊养殖，岸上的畜禽养殖也是梁子湖的重要污染源。近几年来，梁子湖流域生猪、家禽养殖迅速发展，出现规模化养殖场，但规模化畜禽养殖的配套治污设施严重不足，导致养殖污染成为水污染的重要影响因素。比如，仅武汉市江夏区就有规模化养猪场20余家，大量污水通过5个排污口排入湖中。近年来虽然进行了治理，但污染并未根除，问题依然严重。

（三）旅游业带来的水污染正在加剧

近年来，旅游业发展比较快，梁子湖优美的自然风光吸引不少游客前来观光旅游，梁子岛上的旅游接待设施在快速扩张。据统计，梁子岛上已经建设大小宾馆、饭店、餐馆百余家，旅游旺季生意火爆。目前，梁子岛上只有一家污水处理厂，处理能力不足。梁子岛上的大量生活污水直接排入梁子湖，使梁子岛周边的湖水明显浑于其他区间，水质下降。

随着旅游业的发展，到湖中游览的游客越来越多，湖中的旅游机动船也日渐增加，废油污染成为新的污染源。据统计资料，2005

年梁子湖有机动船1550余只。梁子湖4大码头虽然设置了8个接收桶，用于接收机动船舶保养、维修时产生的废油废水，但是旅游机动船的大量废油仍然直接排入湖中，污染水体。

（四）农村生产生活污染日趋严重

目前，梁子湖流域内的乡镇，除梁子岛在建规模为2000吨/天的集中污水处理厂外，其他乡镇基本上没有生活污水处理设施，大量生活污水，包括服务业产生的污废水，基本上是未经处理，直接排入附近河港，最终汇入梁子湖，给梁子湖带来一定程度的有机污染，使梁子湖呈富营养化的趋势。据统计，仅东梁子湖每年接纳的生活污水就达500万吨。

梁子湖流域主要为农业区，耕地面积达58800余公顷，占流域总面积的1/3以上，流域内基本上采用传统的种植模式，大量施用化肥、农药，产生的氮、磷等污染物随着地表径流进入湖中，或进入河港汇入梁子湖，对梁子湖水质造成污染，每年丰水期，梁子湖水质中氮、磷超标较为严重。

二、沿湖基层政府认识不一致

从省政府、市政府层面看，治理梁子湖水污染的认识是一致的，措施是严厉的，但是从乡镇政府层面看，认识还不尽一致。地方政府都追求自身利益最大化，在发展经济的激烈竞争中都争先恐后、不敢怠慢。沿湖各地基层政府出于自身利益考虑，对优先保护生态环境还是优先发展经济认识还不一致。

（一）加快经济发展愿望强烈

目前，梁子湖水污染治理取得了初步成效，能够保持较好的生态环境，除了各个治理主体付出艰辛努力之外，在很大程度上得益于流域内工业生产规模还不是很大，工业产生的污染还没有突破梁子湖的环境容量。梁子湖流域经济发展水平比较低，明显落后于武汉、鄂州等中心城区和周边人口、经济密集区域，城乡二元社会结构矛盾较为突出。因此，加快经济发展成为基层政府和当地群众的迫切愿望和实际行动。如果片面地将发展经济放在首位，就可能难以处理经济效益和生态效益的关系，破坏生态环境、影响水质的行为就可能发生。

（二）优先保护生态环境观念尚未形成

沿湖各地基层政府对优先保护生态环境还是优先发展经济认识还不统一，普遍存在着重发展工业轻环境保护、重发展旅游轻生态保护、重发展渔业轻湿地保护的行为。咸宁的苎麻纺织行业受国际市场行情看涨的影响，为追求更大的经济效益，还在继续扩建生产基地，扩大生产规模；武汉市江夏区庙山开发区发展速度很快，引进的工业企业不断增加，对梁子湖的污染也会增加。

（三）粗放型经济发展观念仍在沿袭

沿湖各乡镇依然普遍沿袭粗放型经济发展观念，许多乡镇都将污染较重的畜禽养殖、水产养殖以及苎麻加工和非金属矿物加工业等列为主要发展产业。沿湖各地基层政府如果不能转变粗放型经济发展观念，如果不能把好环保准入关，严格控制新增各类污染项目，梁子湖流域水生态与水环境仍将受到严重威胁。

三、管理机制不够完善

梁子湖水面管理体制目前基本理顺，由省梁子湖管理局统一行使行政处罚权，但是其管理机制还亟待完善。

2007年省委专题会议后，由省梁子湖管理局统一行使八大行业的行政处罚权，这使梁子湖管理局具有的职能从以前单一的渔政职能，拓展为涵盖农业、水利、交通、旅游、环保、野保、检验检疫、国土资源等八大行业的综合管理职能，梁子湖的管理体制得以基本理顺。但是，在现实运行中，省梁子湖管理局的综合执法手段仍然欠缺，统一执法和统筹协调的阻力较大，困难较多。

设立省梁子湖管理局，是为了加强对梁子湖的统一协调管理，消除多头管理带来的隐患。但在实际管理过程中，省梁子湖管理局其实只负责管理水产方面的事务，只有水面以下的养殖管理权限，水面以上旅游、交通航运等事务的管理职能由于多种原因没有充分发挥。省梁子湖管理局具有八大行业的相对集中行政处罚权，目前只在渔政、船检、环境保护等方面开展，旅游管理、交通航运等其他方面的工作，由于没有赋予行政许可权，行政处罚消极被动，不能有效执法。

由于利益冲突,一些管理部门之间经常产生矛盾。有的部门甚至认为,行政处罚权划归到省梁子湖管理局,那是夺了他们的权,抢了他们的饭碗,所以在工作上不支持不配合。

四、区域合作不力

近年来,随着旅游业发展,梁子湖沿湖市区政府纷纷加大招商引资力度,占用梁子湖水域、滩涂进行旅游项目建设的情况时有发生。各地政府自己划定沿湖的勘界"三线"范围,随意性很大,缺乏合作协调。有的地方管理机构为了发展养殖业,将一些湖汊划在其保护范围之外,故意逃避"禁养"规定。

由于梁子湖的生态环境恶化对咸宁、黄石两地生产生活没有直接影响,这些地方的企业发生偷排污水、破坏生态环境的行为就得不到当地行政部门的及时有效制止。

这些现象的产生,是由于区域合作机制不健全,地方和部门片面追求利益最大化。只有建立区域合作机制,在梁子湖流域统一水质标准、统一"三线"界定、统一排污标准,地方政府和相关部门统一行动,才能使水污染防治收到良好效果。

本章小结

本章全面阐述梁子湖水污染治理的现实状况。首先,回顾梁子湖水污染治理的历程。从重视程度和治理效果看,梁子湖水污染防治大致经过分散治理、重点治理、全面防治三个阶段。分散治理阶段,一边治理一边污染,水污染程度加深。重点治理阶段,水污染得到遏制,水质开始好转。进入全面防治阶段后,既治理水污染又预防水污染,力争水质持续好转。其次,总结梁子湖水污染治理的主要做法。流域四市政府迅速行动,控制工业污染,实行源头控制,加大监管力度,严防产生新污染,积极进行水污染治理。省直相关部门积极参与梁子湖水污染治理,省发改委编制梁子湖生态环境保护规划,省环保厅对梁子湖水污染治理进行具体指导,省农业厅采取综合措施治理水污染。武汉市颁布实施《武汉市湖泊保护条例》、《武汉市湖泊整治管理办法》，鄂州市政府制定执行《鄂州市实施排污许可证管理办法》、《鄂州市选矿行业管理暂行办法》，这些地方性法规和行政规章促进了水污染治理。报纸、电视台、广播电台、期刊等新闻媒体，尤其是楚天都市报、长江日报、湖北日报，对污染梁子湖的不法行为进行跟踪报道监督整改，发挥舆论监督作用。最后，指出梁子湖水污染防治存在的问题。梁子湖水污染防治工作面临的突出问题，主要表现在水污染形势依然严峻、沿湖基层政府认识不一致、管理机制不够完善、区域合作不力等方面。水污染形势方面，工业污染尚未得到彻底遏制，养殖业威胁着水环境，旅游业带来的水污染正在加剧，农村生产生活污染日趋严重。沿湖基层政府认识不一致，各地加快经济发展的愿望强烈，优先保护生态环境观念尚未形成，粗放型经济发展观念仍在沿袭。管理机制方面，省梁子湖管理局管理机制需要完善。区域合作机制不健全，区域合作不力。

第三章
梁子湖水污染治理存在问题的原因剖析

梁子湖水污染治理的历程说明,采取科层制治理方式,运用法律规章、公共政策等工具,"自上而下"地进行治理,虽然取得初步成效,但是水污染防治形势依然严峻、任务依然艰巨。剖析梁子湖水污染防治存在问题的原因,除了要在科层制治理内部进行检视,还必须将梁子湖水污染防治视为跨域社会公共事务,从跨域治理的视角进行分析。在探究其原因的过程中,有必要将梁子湖水污染防治问题置于现实社会大背景下分析,而不能就事论事、就梁子湖论梁子湖,因为梁子湖水污染防治其实只是众多跨域社会公共事务和公共问题的一个缩影。

第一节 治理主体比较单一

从治理主体上看,梁子湖水污染防治的主体比较单一,以地方政府为主,地方政府在治理中占据主导地位,起决定性作用,而企业、非营利组织和社会公众等治理主体的作用都还没有充分发挥,它们的力量都还比较小。事实上,无论是地方政府、企业,还是非营利组织、社会公众，在水污染防治、生态环境保护中都能够发挥自己独特的作用，具有不可或缺的价值。从跨域治理理论的视角来看，只有地方政府、企业、非营利组织、社会公众等治理主体积极参与，协力合作，才能取得良好的治理效果。目前，梁子湖水污染防治的任务还比较艰巨、压力还比较大，治理主体比较单一、没有形成多个主体协力治理的局面，是导致问题产生的一个重要原因。

一、以地方政府力量为主

从梁子湖水污染治理的现实情况看，地方政府在治理中占据主导地位，起决定性作用，而企业、非营利组织和社会公众的作用都还没有充分发挥，它们的力量都还比较小。在治理过程中，地方政府以公共权力为后盾，以计划为手段，迫使追求效用最大化的个人或追求利润最大化的企业偏离他们愿意遵从的消费方式或生产方式，对个人、企业的行为进行阻止或限制，以达到治理跨域水污染的目的。这是一种政府主导型治理模式。

（一）政府主导型治理模式的优点

政府主导型治理模式之所以能够取得初步成效，就在于这种治理模式具有明显优点：

一是治理行动迅速。政府主导型治理模式主要采取强制性的措施，通过行政命令的方式，迫使各排污企业做到达标排放，迫使各污染排放者减少或杜绝排放污染物，否则就对企业或责任人进行惩罚。这种"命令—服从型"的行政做法，以相关的法律规章为后盾，以命令为起点，目标直接，对象明确，责任清晰，约束力比较强。这种做法在控制企业排污方面效果尤其明显，可以使企业的污染排放量迅速减少，从而使跨域水污染治理比较快地取得成效。

二是资金集中使用。跨域水污染的治理往往需要投入大量的资金，单个企业和个人往往无力承担这笔费用，难以开展水污染治理。在少数时候即使企业或个人经济条件上许可，由于水污染治理存在"搭便车"问题，出资治理的企业或个人享受不到治理带来的全部成果，其他用水户却可以不付出成本而使用水资源，因此企业或个人就缺乏足够的激励来治理水污染。在这种情况下，政府就能够通过税收等手段,将社会上的资金集中起来,经过一定的程序,动用数额较大的资金,集中进行水污染治理,取得预期效果。

三是体现社会公平。跨域水污染治理由政府来承担,治理成果由全流域所有的用水户享用,从而体现社会公平。如果通过私有化模式来治理水污染,用水户要通过购买才能使用水资源,某些用水户由于经济困难就得不到水资源,就会出现不公平问题。

(二) 政府主导型治理模式的缺点

与此同时,政府主导型治理模式也存在缺点,主要表现在以下几个方面:

一是存在信息不完全的问题。[①] 政府在制定和实施水污染治理决策时,经常存在信息不完全的情况。由于受多种主观和客观条件的限制,政府不可能十分全面地认识瞬息万变的客观世界,不可能及时迅速地掌握各种变化的信息,因此作出的决策就不可能完全正确,政府有时也会有失误,也会判断错误。即使政府是由一些最杰出、最有才干的"精英人士"组成,要做到收集准确的信息、进行精确的分析和作出正确的判断,仍然是相当困难的,甚至只能作为一种追求目标。此外,如何选择最杰出、最有才干的"精英人士"组成政府,本身就是一个相当棘手的问题,甚至是一个理想的假设。

二是政府公务人员具有自利性。从一定意义上说,政府官员也是"经济人",是为自己的利益而工作。在水污染治理中,公务人员的个人利益有时候会与集体利益产生矛盾,个人利益并不总是能够服从集体利益,存在为了个人利益而损害集体利益的可能性。政府公务人员在一套既定的、规范的公务员规则下开展工作,由于公务员规则往往不够灵活、比较呆板,公务员的薪酬水平和升迁机会都不同于私人部门,难以给他们提供有效的激励,同时又缺乏严厉的约束,导致损害集体利益的行为时有发生。传统观念认为,市场与大众利益往往是对立的,只有政府是公正的。然而,由于政府公

---

① 陈玉清. 跨界水污染治理模式的研究 [D]. 浙江大学硕士学位论文, 2009:29.

务人员存在自利性,在特殊情况下也可能沦为某些利益集团的工具。

三是对政府活动的监督乏力。对政府的公共活动,人们已经提出了严格的监督要求,也有一些监督的方式。但是在具体活动中,很多监督形式的效力打了折扣,监督的力量仍然比较薄弱。在水污染治理活动中,由于监督者与被监督者都是政府,只是不同部门而已,向监督部门提供的信息,部分来源于被监督部门,监督者就有可能受到被监督者的影响,被监督者经常处于信息优势位置,监督部门的监督力度不够也就在所难免。同时,在遭遇举报的时候,被监督部门与监督部门的共同利益可能受到利益,这样,监督部门的监督力度也就减弱。

四是政策执行成本比较大。由于跨域水污染的严重性,在政府主导型治理模式下,政府必须投入大量的财政经费,花费大量的人力物力,才能取得较好的治理效果。诸如信息的收集、政策的制定、人员的工资、治污设施的建设等,都需要资金支持。如果没有充足的资金,水污染治理是很难取得成效的。为了取得明显成效,有时候还要集中大量人员,开展专项治理行动,政策执行成本很大。

总之,梁子湖水污染治理实践说明,仅仅依靠政府这个主体进行治理,在短期内能够取得初步成效,但是不能从根本上解决问题,从长远看,其治理效果并不理想。跨域治理理论认为,处理跨域社会公共事务和公共问题,除了要发挥政府这个主体的作用,还要调动企业、非营利组织、社会公众等主体的积极性,多个主体共同参与,协力合作,才能达到目的。

二、企业作用发挥不够

从理论上说,为了人类的生存和经济持续发展,现代企业在追逐利润的同时,应该承担起部分保护环境的责任,而事实上,在梁子湖水污染治理过程中,企业的环保作用发挥得还很不够。多数企业在政府和相关部门的严格要求、长期督促下,才不得已添置污染处理设施,减少排污量,对于保护环境处于被动状态。

(一) 企业参与环保利大于弊

企业参与环境保护有利于取得技术领先优势。我国大多数企业是被动地参与环境保护活动，往往通过改善生产流程或从外部购买环保解决方案来适应相关的环保法律规则，达到合格标准。这种被动参与环境保护的做法，使得企业很难在生产流程的改造过程中创造出新的技术，或者通过一定的技术改造取得某一领域的领先地位。国际经验表明，如果企业主动参与环境保护，积极进行技术改造，就会取得明显成效。比如，日本丰田公司为了适应美国日益严格的环境保护法规和要求，积极开展汽车节能技术的研究与开发，率先于2006年推出一款省油节能的混合动力车PRIUS。这款混合动力车上市后，取得很好的销售业绩，也奠定了丰田汽车公司在混合动力车方面的霸主地位。① 日本丰田公司的成功经验表明，企业主动参与环境保护，积极进行技术研究与开发，可以取得技术领先优势。

企业参与环境保护能够扩大知名度提高竞争力。改革开放以来，许多跨国企业来到中国开展业务，也带来积极保护环境的思想。这些跨国公司的母国一般都有严格的、健全的环境保护法律法规，有许多发育良好的从事环境保护的社会公益组织，因此这些跨国公司形成了重视和参与环境保护的习惯。如果公司不重视环境保护，不积极参与环境保护，公司的声誉就会受到影响。② 许多大型跨国公司进入新兴市场以后，通过大力宣传和积极参与环境保护活动，提高公司的社会声誉，树立良好品牌形象。比如，作为最早进入中国开展业务的跨国能源公司之一，英国石油巨头BP（Britain Poeto）公司通过积极参与环境保护事业来提高公司的社会声誉，取得了良好效果。BP公司在中国的业务几乎涵盖石化工业的各个方面，建立了许多高污染的工厂。BP公司通过对环境保护事业大

---

① 谢方舟.论环境保护与企业发展 [J].益阳职业技术学院学报，2009 (2).

② 罗伯特·埃克尔斯、斯科特·纽奎斯特、罗兰·沙茨.管理声誉风险 [J].哈佛商业评论，2007.

量的投入，赢得很高的知名度，扩大品牌影响力，把自己塑造成一个环保先锋者的形象。BP 公司积极参与环境保护事业，为公司在中国开拓市场奠定基础，提升了公司的市场竞争力。① 这些大公司积极参与环境保护的做法，值得国内企业学习借鉴。

（二）企业轻视甚至逃脱环保责任

在梁子湖周围，部分企业出于自身利益的考虑，经常把利益最大化放在首位，轻视自身的环保责任，想方设法逃脱环保责任，这直接导致企业在梁子湖水污染治理中的作用很小。

在梁子湖水污染治理的现实中，地方政府面临发展经济还是保护环境的选择问题，大部分地方政府会选择优先发展经济、重点发展经济。对不履行环保责任甚至违法排污的企业，这些地方政府采取庇护溺爱的态度，进一步助推了企业轻视甚至逃脱环保责任，间接导致了企业在梁子湖水污染治理中的作用很小。

三、非营利组织力量单薄

非营利组织在环保事业中能够有所作为。从全国来看，环保非营利组织在逐渐发展壮大。在梁子湖水污染治理过程中，非营利组织数量不多、力量比较单薄、作用发挥得还不够。

（一）我国环保非营利组织逐渐发展

改革开放以来，我国环保非营利组织从无到有，逐渐发展壮大。这些由民间人士自发组织起来的环保非营利组织，在推动公民参与环境保护活动、促进经济社会可持续发展方面，已经积累了一些经验，取得了初步成绩。

2002 年 8 月，14 名环保非营利组织的代表组成中国民间代表队，参加在南非约翰内斯堡召开的联合国可持续发展世界首脑会议。这是我国环保非营利组织第一次参加联合国的大会，标志着我国环保非营利组织的影响力正在扩大。此后，环保非营利组织逐步发展，开展多种形式的环境保护活动。

---

① 谢方舟．论环境保护与企业发展 [J]．益阳职业技术学院学报，2009 (2)．

我国环保非营利组织数量在增加，影响逐渐扩大。环保非营利组织多种多样，按照不同的分类标准，可以划分出不同的类型。如果从活动内容上划分，可以分为政策建议型、研究型、中介型、活动型、服务型、混合型；如果从组织形式上划分，可以分为地方单体型、联合型（松散型和紧密型）、加盟型；如果从活动领域上划分，可以分为社区活动型、地方活动型、全国活动型、跨国活动型、全球活动型；如果从资金来源上划分，可以分为自立型、基金依存型、团体依存型、政府依存型。①

（二）环保非营利组织可以有所作为

环保非营利组织可以发挥自身优势，积极开展活动，对于提高社会公众的环境保护意识，缓解越来越严峻的生态环境危机，能够发挥积极作用。②

第一，可以开展环境保护方面的宣传和教育活动。环保非营利组织通过出版书籍、印刷资料、举办讲座、组织培训等多种方式，积极开展环境保护的宣传教育活动。随着网络的普及，一些环保非营利组织以网络为活动阵地，更方便地开展活动。这些组织充分利用互联网广阔的资源空间，搭建起信息交流、资源共享、力量聚集的平台，向社会公众展示大自然的美丽以及破坏环境带来的恶果。

第二，可以推动社会公共参与环境保护活动。一方面，环保非营利组织定期组织植树、观鸟等活动，让社会公众走近大自然，了解大自然，激发了人们参与环境保护的热情；另一方面，环保非营利组织开展绿色社区建设、垃圾分类等活动，鼓励大家从自己做起、从小事做起、从身边做起，养成保护环境的良好习惯。

第三，可以开展保护生态环境的专项活动。一些环保非营利组织开展多种形式的环境保护专项活动，诸如植树绿化、水质净化、大气污染控制、沙漠化防治、水土流失治理、社区环境保护、资源

---

① 王名，佟磊.NGO 在环保领域内的发展及作用［J］.环境保护，2003(5).

② 王名，佟磊.NGO 在环保领域内的发展及作用［J］.环境保护，2003(5).

再利用等,取得了一定成效。

第四,可以开展环境保护方面的科研工作。环保非营利组织中的一些学会、研究会等科研机构,集中了一批学术权威和精英,他们积极开展环境保护及相关学科的研究,进行技术开发和应用研究,推动环境保护科学和技术的发展。

第五,可以对一些环境保护项目进行资助。有关环境保护的基金会积极参与这方面的活动,为一些环境保护活动提供资源、设备、技术等方面的资助或援助。此外,一些热心环境保护的国际非营利组织也积极参加,比如福特基金会在环境与发展领域内开展了一些业务。

第六,可以宣传推广环境保护方面的产品。一批活跃在环境保护领域的商会、行业协会,积极开展这方面的活动,推动环境保护产品的研制、生产、流通、消费。比如,无氟电器、再生纸制品等产品已经广为流通,为社会公众所接受。

第七,可以对环境污染的受害者进行多种形式的援助。作为弱势群体的成员,环境污染的受害者开始受到关注。一方面,环保非营利组织为这些环境污染的受害者提供法律咨询和法律援助;另一方面,环保非营利组织还动员社会资源,以募捐、义卖等形式,为环境污染的受害者提供经济援助。

第八,可以参与多种形式的环境保护交流活动。一些环保非营利组织举办多种形式的研讨会、经验交流会、座谈会,开展环境保护经验交流活动,促进环境保护事业发展。一些环保非营利组织还积极参与国际交流活动,争取来自国际社会的环境保护信息、资金、设备、技术等支持,同时派出人员参加有关专业培训,学习环境保护知识,借鉴环境保护经验。

由此可见,非营利组织可以在环境保护、水污染防治方面发挥积极作用,在促进生态环境保护事业中能够占有一席之地。

(三)环保非营利组织缺乏培育

梁子湖水污染治理实践中,环保非营利组织的活动还很少见。究其原因,是环保非营利组织还处于发展阶段,数量还很少。在这种情况下,水污染防治的压力几乎完全落在政府肩膀上,单一的政府治理就在情理之中。

在梁子湖水污染防治中，政府还没有认识到环保非营利组织在水污染防治、生态环境保护中的重要作用，还没有将培育非营利组织当做大事来抓，还缺乏积极培育环保非营利组织发展的措施，没有利用政府机构改革、事业单位改革等机遇去推动非营利组织发展。正是这些导致现实中非营利组织力量非常弱小，在水污染防治、生态环境保护中发挥的作用非常微弱。

四、社会公众参与不够

目前，社会公众是以政府的"被管理者"、"被组织者"身份参加梁子湖水污染防治活动的。社会公众在政府开展治理活动时就被动参加，在政府未组织活动时对水污染防治则关心不多、重视不够。社会公众还没有养成主动参与水污染防治活动的习惯，参与污染治理、环境保护的积极性和主动性不高。

（一）公众参与

参与就是人们有能力去影响和参加到那些影响他们生活的决策和行为中去。对公共机构来说，参与就是所有民众的意见得到倾听和考虑，并最终在公开和透明的方式中达成协议。公众参与是公众通过直接以政府或其他公共机构互动的方式决定公共事务和参与公共治理的过程。公众参与强调决策者与受决策影响的利益相关者之间的沟通和协商对话，遵循"公开、互动、包容性、尊重民意"等基本原则。① 在政府决策和公共治理领域，公众参与在环境保护、公共预算、城市规划、公共卫生、公共事业管理等方面开始发挥作用。

相比较而言，公众参与在环境保护方面是最有成效的。公众参与环境保护，主要在两个环节，一是环境行政许可听证，二是环境影响评价。在环境行政许可听证方面，2004年6月，国家环境保护总局发布了《环境保护行政许可听证暂行办法》，明确规定："环境保护行政主管部门组织听证，应当遵循公开、公平、公正和

---

① 蔡定剑. 公众参与及其在中国的发展 [J]. 团结, 2009 (4).

便民的原则,充分听取公民、法人和其他组织的意见,保证其陈述意见、质证和申辩的权利。"建设单位"在报批环境影响报告书前,未依法征求有关单位、专家和公众的意见,或者虽然依法征求了有关单位、专家和公众的意见,但存在重大意见分歧的,环境保护行政主管部门在审查或者重新审核建设项目环境影响评价文件之前,可以举行听证会,征求项目所在地有关单位和居民的意见"。

在环境影响评价公众参与方面,2006年2月,国家环境保护总局发布了《环境影响评价公众参与暂行办法》,明确规定:"国家鼓励公众参与环境影响评价活动。""公众参与实行公开、平等、广泛和便利的原则。"对可能造成不良环境影响并直接涉及公众环境权益的规划,应当在该规划草案报送审批前,举行论证会、听证会,或者采取其他形式,征求有关单位、专家和公众对环境影响报告书草案的意见。在发布信息公告、公开环境影响报告书的简本后,建设单位或者其委托的环境影响评价机构应当采取调查公众意见、咨询专家意见、座谈会、论证会、听证会等形式,公开征求公众意见。

(二) 公众参与促进水污染防治

在生态环境保护工作中,公众参与的范围逐渐扩大,参与方式逐渐增加。在环境行政许可听证、环境影响评价方面,公众参与已经成为法规规定的必经程序。在水污染防治中,公众参与也在发挥作用。在一般来说,社会公众参与水污染治理具有重要意义,主要表现在以下几个方面:

其一,水资源为流域内社会公众共同拥有,如果水资源受到污染,社会公众的集体利益就会受到损害。因此,社会公众对环境问题应该高度重视,对水资源等环境资源的保护、使用享有发言权,对破坏水资源的行为要及时进行制止。

其二,社会公众参与水污染治理是维护自身权益的需要,是公民环境权的具体实现方式。[1] 自然环境是人类赖以生存和发展的基

---

[1] 陈玉清. 跨界水污染治理模式的研究 [D]. 浙江大学硕士学位论文, 2009:63.

本条件，每个人都有与生俱来的、不可剥夺的享用自然环境的权利，而自然环境的使用又具有极大的外部性特征，因此公众参与水污染治理是最终维护自己权益的重要措施。

其三，社会公众参与水污染治理可以克服自身认知水平的局限。作为治理主体之一的地方政府在进行决策时，也会存在信息不全面的问题，也会存在认识缺陷，作出的决策有时也会有失误。同时，单个企业的理性并不必然带来整个企业群体的理性，在水资源的配置和使用中，企业个体为了追求自身的利益最大化，往往导致水资源的过度利用和水环境的破坏。社会公众对身边的水环境十分熟悉，对水资源保护有发言权，同时人类整体智慧可以克服个体非理性。

其四，社会公众参与水污染治理可以弥补政府行为的缺陷。在水污染治理过程中，政府发挥了重要作用，承担保护生态环境的职责，但是，政府及其公务人员具有"经济人"特性，在公务活动中具有自利性，同时，他们也不是全知全能的，而是经常面临着信息不全面的现实，还存在着理性不及的领域与范畴。在这种情况下，政府决策不会总是一劳永逸的、千真万确的。在解决现实问题的时候，也会存在一定的失误。由于跨域水污染治理是十分复杂棘手的公共问题，地方政府利益、部门利益的诉求都可能会偏离权力设定本身的终极追求，也会产生权力寻租现象。因此，社会公众参与水污染治理可以成为一种监督与制约政府行政行为的手段，有利于缓解行政与社会利益的紧张关系。

（三）社会公众参与治理不够

生态环境问题与社会公众的生产生活息息相关，环境状况的好坏直接关乎公众生活质量的高低。国家环境保护部副部长潘岳曾经说过："公众是环境问题的最大利益相关者。环境对于他们来说，不是道德话语权，而是财产和健康。"[①] 社会公众理应高度重视生态环境问题，就像重视自己的财产和健康状况一样。

国家环境保护总局发布的《环境保护行政许可听证暂行办法》

---

① 潘岳．告别"风暴" 建设制度［N］．南方都市报，2007-11-09．

和《环境影响评价公众参与暂行办法》，明确规定在行政许可听证、环境影响评价环节必须征求公众意见，保证公众参与。这是对行政管理部门和行政管理行为的要求，也体现出对公众参与的重视。实践说明，公众参与促进了环境保护工作。在跨域治理理论看来，社会公众还是保护生态环境、治理水污染的一个重要主体。

在梁子湖水污染治理过程中，社会公众的作用发挥得还很不够。社会公众虽然参与了水污染防治工作，但主要是被动参与，在政府的组织和动员下参加活动。社会公众不是以治理主体的身份主动投身环保事业，而是以"被管理者"、"被组织者"的身份被动参加环保活动。社会公众还没有主动参加环境保护活动的能力，对保护环境的热情和积极性还有待提高。

第二节 治理主体之间信任度不高

社会公共事务和公共问题的处理，需要多个治理主体共同行动，协力合作。治理主体之间协力合作，基础在于彼此信任。如果缺乏信任，治理主体之间就难以合作。在当代社会大背景下，社会信任不足。梁子湖水污染防治实践中，治理主体之间信任度普遍不高。

一、信任是跨域治理的核心要素

信任是一种十分复杂的社会心理现象。中国社会对信任十分重视，自古以来一直如此。20世纪50年代，信任问题成为西方社会科学研究的一个中心课题，此后对信任问题的研究持续不断。20世纪90年代以来，我国学术界对信任问题的研究日益增多。许多学者从不同的角度对信任问题进行研究，给出了不同的理解。心理学、社会学、经济学、管理学、伦理学等学科都对信任问题进行了大量研究，得出了许多有价值的研究成果。

（一）对信任的再认识

社会学从社会关系研究视角出发，既关注社会个体之间的人际信任，又关注大规模社会群体之间的社会信任，研究信任的社会功能和作用，重视社会制度和文化规范情境对信任产生的影响。① 社会公共组织是公共管理学的研究对象，社会学的研究成果对公共管理学具有重要借鉴意义。

德国社会学家齐美尔（Simmel Georg）在1900年出版的《货币哲学》一书中指出，信任是"社会中最重要的综合力量之一"，并论述道："离开了人们之间的一般性信任，社会自身将变成一盘散沙，因为几乎很少有什么关系能够建立在对他人确切的认知之上。如果信任不能像理性证据或个人经验那样强或更强，则很少有什么关系能够持续下来。"② 马克斯·韦伯（Max Weber）对信任进行了分类，将其分为一般信任（universalistic trust）和特殊信任（particularistic trust）两种。③ 一般信任以信仰共同体为基础。特殊信任以血缘性社区为基础，建立在私人关系和家族或准家族关系上。他认为，中国人的信任行为属于特殊信任，其特点是只依赖和自己有私人关系的他人，而不信任外人。

科尔曼（James S. Coleman）、祖克尔（Zucker）、普特南（Robert D. Putman）、福山（Francis Fukuyama）等社会学家在研究信任问题时，从宏观层面分析社会关系、社会体制对信任产生的影响。科尔曼认为，在人际互动的基础上建立人际信任关系。良好的信任关系是平等交换的重要条件。能否建立长期的信任关系，取决于个体在与他人互动中可能收益与可能损失的比较。④ 他还指出，最简单的信任关系涉及委托人和受托人。信任是社会资本的一种形式，它可以减少监督成本与惩罚成本。祖克尔从发生学角度分析信任的产生和建构问题，认为信任可以分为三个层面：一是基于交往经验的信

---

① 陈盼. 社会信任的建构：一种非营利组织的视角［D］. 武汉大学硕士学位论文，2005：9.

② 齐美尔. 货币哲学［M］. 陈戎女等，译. 北京：华夏出版社，2002：178-179.

③ 马克斯·韦伯. 儒教与道教［M］. 王容芬，译. 北京：商务印书馆，1997：3.

④ 郑也夫，彭泗清等. 中国社会中的信任［M］. 北京：中国城市出版社，2003：105.

任,来自于交往、交换和交易经验的积累,核心是互惠性;二是基于行动者具有社会特性、文化特性的信任,根源于社会模仿的义务和合作规则;三是基于制度的信任,建立在规则、社会规范和制度基础之上。经过祖克尔的研究,信任由私人信任扩展到公共性的制度系统或法律系统。

美国哈佛大学社会学教授罗伯特·D. 普特南认为,信任是社会资本必不可少的组成部分。普特南指出:"社会资本指的是社会组织的特征,如信任、规范,它们能够通过推动协调的行动来提高社会的效率。"[①] 他提出了社会资本的三个特征,即规范、网络与信任。他认为,如果一个团体的成员可以信赖,而且团体内成员之间能够相互信赖,那么这个团体就能比缺乏这些资本的相应团体取得更大的成就。同时,他把社会资本与现代自由民主制度联系起来,把价值因素注入社会资本概念之中,使这一概念不仅是一个分析范畴,而且成为一个评价标准。

美国社会学家弗朗西斯·福山特别强调信任在社会资本中的重要性。他认为,社会资本是一个群体的成员共同遵守的一套非正式价值观和行为规范。非正式的价值观和行为规范,包括"诚实、互惠、互相信任"。群体内的成员按照这一套非正式价值观和行为规范进行彼此合作。"信任恰如润滑剂,它能使任何一个群体或组织的运转变得更加有效。"[②] 信任能够减少交易过程中的成本,减少再检阅、拖延、防备的现象。福山进一步强调:公共精神如果没有雄厚的社会资本或者信任作基础,那么这个社会就会看不见超越自我利益的利他慈悲善意。因此,民主与自由主义制度要顺利运作,并非仅仅建立在法律、契约、经济、理性等基础之上,还必须加上互惠、道德义务、社会责任与信任,才能确保社会繁荣与稳

---

① 罗伯特·D. 帕特南. 使民主运转起来 [M]. 王列,赖海榕,译. 南昌:江西人民出版社,2001:195.
② 弗朗西斯·福山. 大分裂:人类本性与社会秩序的重建 [M]. 刘榜离等,译. 北京:中国社会科学出版社,2002:18.

定。① 现代社会中，信任在调节社会关系、处理公共事务方面的作用日益显现。

（二）跨域治理依靠相互信任

社会公共事务的处理和公共服务的提供，涉及众多主体和多种组织。各个组织和主体为了追求自身利益或者其他资源的运用，需要与其他组织和主体建立合作或交换关系。在这种合作或交换关系的建立过程中，必须依赖信任关系。信任是指互动过程中的各个组织基于过去的经验，经过理性算计或者主观认同，愿意在面对未来的不确定性以及潜在风险的前提下，对于未来的互动保持乐观态度，对良性互动具有信心，并且以良好的态度面对未来互动中可能出现的风险。组织之间建立了信任关系，就会产生三种期望：一是不负众望地履行义务；二是能够以可以预期的方式行动；三是在出现投机心理时能够公平地行动和协商。

社会组织之间建立信任关系，对于组织彼此开展合作，共同处理社会公共事务，共同提供公共服务，可以产生许多正面影响。其一，能够降低组织冲突。组织彼此合作过程中容易产生分歧或冲突，如果组织之间建立了良好的信任关系，就能够通过沟通协调来解决分歧，降低冲突。其二，能够减少监督成本。组织之间如果形成了充满信任的合作伙伴关系，彼此就不会花费大量的监督成本，对细微琐事就不会吹毛求疵，这样可以提高组织的工作效率和绩效。其三，能够促进组织之间的合作。组织之间的信任既是一种治理机制，又是一种整合机制，可以维持和增进组织之间的团结，形成强大的凝聚力。组织之间以互惠的态度建立的信任关系，能够维持和实现长期的合作。其四，能够降低交易成本。对于任何组织来说，都希望选择一个交易成本最小、效率最大的治理结构。在具有信任关系的组织之间，各个组织都能够分享彼此的信息，容易达成共识，降低因信息不对称产生的交易成本。在信任的基础上，组织之间还能够冷静地协商，降低协调成本，提高组织的竞争优势。其

---

① 林水吉：跨域治理——理论与个案研析［M］．台北：五南图书出版股份有限公司，2009：58.

五，能够促进组织学习。组织之间如果建立了良好的信任关系，在共同处理社会公共事务过程中，彼此能够相互学习，了解其他组织的运作方式，借鉴其他组织的管理理念和管理方法，促进自身的发展。① 可以说，信任是构建合作伙伴关系的关键因素，在维持社会关系中具有重要作用。

二、当前社会信任普遍缺失

中国传统社会是一个伦理社会，而不是一个信任社会，社会信任长期以熟人关系维持，社会信任发展缓慢。改革开放以来，社会急剧转型，传统伦理道德和文化受到冲击，人们之间的信任度进一步下降。当前，社会信任普遍缺失，在众多领域都有明显表现，成为影响经济社会健康发展的一个重要因素。

（一）我国传统社会伦理本位

长期以来，中国社会一直是伦理本位的社会，是乡土社会，是熟人社会。梁漱溟认为，中国人缺乏集体生活，而偏重于家庭生活，团体与个人的关系轻若无物，家庭关系却特别显著。中国人就家庭关系推广开来，以伦理组织社会。② 费孝通认为，"社会关系是逐渐从一个个人推出去的，是私人联系的增加，社会范围是一根根私人联系所构成的网络"。③ 人们习惯于按照伦理原则办事，讲究亲疏远近，区别熟悉陌生，在熟人信任的基础上慢慢发展社会信任。正如韦伯所观察到的那样，"特殊主义原则"是中国儒家伦理的核心，"一切信任，一切商业关系的基石明显地建立在亲戚关系或亲戚关系式的纯粹个人关系上面"④ 中国社会的信任长期以熟人关系维持，社会信任发展缓慢。

---

① 许道然. 组织信任之研究：一个整合性观点 [J]. 空大行政学报，2001 (11).

② 梁漱溟. 中国文化要义 [M]. 上海：学林出版社，1987：12.

③ 费孝通. 乡土中国 生育制度 [M]. 北京：北京大学出版社，1998：30.

④ 马克斯·韦伯. 儒教与道教 [M]. 王容芬，译. 北京：商务印书馆，1997：289.

（二）当代社会面临全面转型

改革开放以来，中国面临着全面而深刻的社会转型。中国社会的转变主要表现在两个方面：一是社会结构的转型，由封闭半封闭的传统社会转变为开放的现代化社会；二是经济体制的转轨，由高度集中的计划经济体制转变为社会主义市场经济体制。在社会转型期间，社会结构不断变动，社会阶层不断分化，社会利益不断调整，社会角色日益多样。在这种前所未有的社会转型时期，不仅生产方式发生改变，而且人们的生活方式和价值观念也迅速嬗变。人们的社会流动范围扩大，社会交往的频率和强度增加，社会互动的范围越来越大。传统社会的熟人关系和熟人信任，在现实生活中逐渐淡化，与适应现代社会要求的社会信任尚未完全建立。

（三）社会信任危机普遍存在

在当前社会转型时期，社会信任危机在经济领域、行政领域、日常生活领域、思想文化领域都有不同程度的表现。[①] 社会信任普遍不足，给人们生产生活造成负面影响，对社会公共事务和公共问题的处理极为不利。

经济领域的信任危机。信任危机在经济领域尤其突出，失信现象可谓屡见不鲜。其一，商品信誉危机。假冒伪劣商品的长期存在，导致消费者对商品质量的信任大幅下降，商品信誉危机严重。假冒伪劣商品一度泛滥成灾，涉及衣食住行等群众生活的各个方面，经过长期治理整顿后虽然情况有所好转，但是形势依然不容乐观。2008年，震惊全国的三鹿奶粉事件，就是一起严重的假冒伪劣商品事件。[②] 其二，服务信誉危机。商业服务行业长期存在售后服务质量差的问题，影响消费者对商业服务的信任。有的生产厂家和销售企业联手，利用信息优势和技术优势设置"消费陷阱"；有的企业凭借垄断地位，与消费者签订"霸王条款"；有的销售企业

[①] 陈盼. 社会信任的建构：一种非营利组织的视角 [D]. 武汉大学硕士学位论文，2005：5.

[②] 三鹿奶粉事件始末大盘点. 中国法律教育网，http：//www.chinalawedu.com，2009-02-05.

采取非法手段，大搞强买强卖。其三，合同信誉危机。依法签订的合同得不到有力执行，导致人们对合同的信任大打折扣。利用合同骗取银行贷款、恶意逃避债务的现象一度普遍存在，对恶意违反合同的行为也打击不力。① 失信问题仅次于腐败问题，已经成为阻碍经济发展的第二大制约因素。② 在存在信用危机的市场环境中，守信成本相当高，而失信收益并不低。

行政领域的信任危机。行政行为、公共政策方面存在的突出问题，导致行政领域信任危机不同程度地存在。在行政行为方面，官僚主义、裙带关系、钱权交易的现象并未完全根除，仍然在不同程度地影响政府部门以及公务人员的行政行为，行政不作为、慢作为、乱作为的问题在一些地方仍然比较严重，社会公众对公共服务的公正性、质量和效率仍然心存疑虑，信任度不高。在公共政策方面，社会公众对政策制定、政策执行都不是很满意。从政策制定看，一方面存在政策错位、失位、缺位的问题，"该管的事情不管，不该管的事情瞎管"；另一方面存在政策不公的问题，一些部门利用制定政策的机会，将部门利益合法化，导致本位主义严重、公共政策公共性不足。从政策执行看，既有执行不力的现象，花费大量物力人力制定的政策，有的没有得到很好地执行，有的甚至束之高阁，形同虚设；也有执行不公的现象，"有钱好办事"、"熟人好办事"，徇私枉法、政策面前因人而异的现象仍然不同程度地存在。

日常生活领域的信任危机。中国传统社会信任度不高，是典型的熟人社会，改革开放以来，传统文化价值观念受到冲击，人际信任水平迅速下降。据美国学者英格雷哈特主持的"世界价值研究计划"调查结果，1990年，60%的被调查者相信大多数人值得信任，1996年，50%的被调查者相信大多数人值得信任，社会信任

---

① 陈庆修．诚信——市场经济的座右铭［J］．中国国情国力，2003(2)．

② 徐楚桥．三个2000亿，不诚信造成的损失太惊人［N］．楚天都市报，2011-04-22．

度明显下降。1998年，根据王绍光的调查，大约30%的人相信大多数人值得信任。① 不到10年时间，这个数字减少一半，表明社会信任度呈急剧下降态势。过去熟人之间还可以信任，"杀熟"现象司空见惯之后，熟人信任也大为削弱，不信任现象十分普遍。郑也夫曾经说过："在信任进化的分析模式中存在着两端：其中一端不仅在熟人中建立了信任，而且靠着系统信任在陌生的环境中建立了信任；另一端则不仅在陌生人中缺乏信任，而且熟人中的信任也日益丧失。"② 当前中国社会正处在信任匮乏的一端，重建社会信任将是一项长期而艰巨的任务。

思想文化领域的信任危机。思想文化和意识形态领域的信任危机，突出表现在价值信仰的缺失方面。在对外开放和市场经济大潮的冲击下，传统文化价值观念受到有些人的批评，几十年居于统治地位的社会主义价值观念同样被有些人抛弃，社会价值观念危机四伏。拜金主义、享乐主义、极端个人主义开始沉渣泛起，玩世不恭、及时行乐的思想逐渐扩散蔓延，灯红酒绿、纸醉金迷的生活方式受到追捧，艰苦奋斗、助人为乐的精神被弃之不顾。思想观念的良莠不齐，价值信仰的鱼龙混杂，造成有些人精神迷惘、心态浮躁，社会安全问题日渐增多。

三、治理主体之间相互信任不够

在梁子湖水污染防治过程中，治理主体之间还缺乏充分的信任。

从政府方面看，市级政府经常处于画地为牢、"各人自扫门前雪"的状况，对需要其他市级政府参与的治理行动积极性不高，参与不力，对治理效果期望不高。从政府部门来看，习惯于在自己的职责范围内开展工作，对于需要联合其他部门进行的工作信心不足，对其他部门缺乏足够的信任。更有甚者，政府部门之间常常争

---

① 王绍光，刘欣. 信任的基础：一种理性的解释 [J]. 社会学研究，2002 (3).

② 郑也夫. 信任论 [M]. 北京：中国广播电视出版社，2001：222.

权夺利，相互掣肘甚至拆台。比如，对于梁子湖管理局集中行使行政处罚权，地方的一些部门就认为这是"夺了自己的权，抢了自己的饭碗"。政府对非营利组织治理水污染的能力信心不足，对其支持力度还不大。政府对企业为当地经济发展做贡献的期望值较高，对其参与水污染防治的要求不高，信心不足。政府要求社会公众参加政府组织的环保活动，但对公众自觉参与环保活动的信心不足。

从非营利组织方面看，目前处于发展阶段，需要政府的扶持，对地方政府有依赖思想，对政府如何支持自己抱观望等待态度。非营利组织对企业、社会公众参与环保的态度、能力，缺乏充分的信任。

从企业方面看，其发展需要政府的支持，精力集中在追逐经济利益上，在承担环保责任方面做的工作不多。在治理水污染问题上，企业与非营利组织、社会公众之间的信任度不高。

从社会公众方面看，对政府治理水污染充满期待，表现出一定的信心；但对企业、非营利组织治理水污染的能力，信心还不足。

总之，在社会信任缺乏的大背景下，梁子湖水污染治理主体之间的信任也受到影响。政府部门之间，政府与企业、非营利组织、社会公众之间，非营利组织与企业、社会公众之间，企业与非营利组织、社会公众之间，社会公众与非营利组织、企业之间，相互信任度不高，参与治理行动的积极性和主动性受到影响，治理效率和效果受到削弱。

第三节 治理主体合作机制不完善

跨域治理的成效如何，取决于治理主体之间的合作。合作是跨域治理的核心内容。从跨域水污染防治实践看，地方政府之间的合作比较多，也涉及地方政府与非营利组织、企业、社会公众之间的合作。梁子湖水污染防治中，治理主体之间合作机制不完善，地方政府之间的合作机制刚开始建立，地方政府与非营利组织、企业、社会公众之间的合作机制还很少。

一、合作是跨域治理的核心内容

对于跨域治理来说，治理主体之间的合作是处理公共事务和公共问题的核心手段和策略途径。从一定意义上讲，合作成就跨域治理，合作是跨域治理的核心内容。如果缺乏合作，社会公共事务和公共问题就难以有效解决。

（一）合作

在现代社会，随着经济活动频率的加快，政治交往范围的扩大，合作越来越成为一种重要的社会行为。实际上，在人类社会的发展历程中，合作一直是政治、经济、文化活动的永恒主题。马克思主义哲学认为，事物是普遍联系的，事物之间总是相互影响、相互作用和相互依赖的。任何事物都不是孤立存在的，事物之间存在着广泛的联系，不能孤立地、静止地看待事物，而应该全面地、发展地看待事物。事物是普遍联系的观点，为多种多样的合作行为奠定了理论基础。

关于"合作"的含义，《辞海》的解释是："社会互动的一种方式。指个人或群体之间为达到某一确定目标，彼此通过协调作用而形成的联合行动。参与者须具有共同的目标、相近的认识、协调的互动、一定的信用，才能使合作达到预期效果。其特征：行为的共同性，目的的一致性，甚至合作本身也可能变为一种目的。人类社会越发展，合作范围越扩大。"① 一般来说，对合作的理解包括以下几个方面：其一，合作是社会互动的一种方式。从主体来讲，这种互动可以发生在个人与个人之间、组织与组织之间，也可以发生在个人与组织之间。从属性来讲，这种互动是协调的、同向度的。其二，合作主体之间需要一致的目标。任何合作都要有共同的目标，至少是短期的共同目标。如果合作主体没有共同的确定的目标，合作就无法达成。其三，合作主体之间需要统一的认识。合作主体应该对共同目标、实现途径和具体步骤等，有基本一致的认识。在联合行动中，合作主体必须遵守共同认可的社会规范和群体

---

① 夏征农.辞海[M].上海：上海辞书出版社，1999：865.

规范。其四，合作主体之间需要相互信任。合作主体相互理解、彼此信赖、互相支持，是进行有效合作的重要条件。合作主体彼此信任，协调行动，才能达到预期的效果。其五，合作需要一定的物质基础。必要的物质条件，如制度、设备、通信和交通工具等，是合作顺利进行的前提条件。合作的最初目的是实现合作主体共同的目标，然而成功的合作收获颇多，往往不仅仅是实现了共同目标，还会有许多意外的收获，比如合作主体之间信任的加深，联合行动的协调性增强，互动的效率提高等。

根据不同的划分标准，可以对合作进行不同的分类。按照从事劳动有无区别的标准，可以将合作分为同质合作与非同质合作两类。同质合作是指合作主体之间无差别地从事同一活动，比如社会公众无分工地从事某种劳动。非同质合作是指为了达到共同目标，合作主体之间有所分工，协同开展活动。比如按照工艺流程，社会公众分别完成不同工序的生产。按照契约合同有无的标准，可以将合作分为非正式合作与正式合作两类。非正式合作没有契约合同，多数发生在初级群体或社区之中，是人类最古老、最自然、最普遍的合作形式。非正式合作没有契约合同上规定的任务，也很少受社会规范、传统与行政命令的限制。正式合作是指具有契约性质的合作，这种合作形式明文规定各个合作主体享有的权利和义务，并通过一定法律程序，受到有关机关的保护。按照合作主体的标准，可以将合作分为个人之间的合作，组织之间的合作，个人与组织之间的合作等。本书根据跨域治理的需要，重点探讨地方政府与地方政府之间的合作、地方政府与非营利组织之间的合作、地方政府与社会公众之间的合作。

（二）合作引起广泛关注

合作行为越来越引起人们的广泛关注，不同研究领域的学者从各自的角度对合作进行研究。例如，组织管理领域的研究者关注合作的功能性作用，认为组织内个体的合作行为是提高绩效水平、满意度的重要指标。社会学领域的研究者从公共资源管理的角度，关注合作对资源最适配置的作用，认为只有通过合作才能避免最终的

"公用地悲剧"。① 经济学领域的研究者认为，合作和竞争是贯穿于经济活动始终的两种重要行为。在经济活动中，个体之间必然要进行竞争。正如诺贝尔经济学奖获得者乔治·斯蒂格勒所指出的："竞争系指个人（或集团或国家）间的角逐；凡两方或多方力图取得并非各方均能获得的某些东西时，就会有竞争。竞争至少与人类历史同样悠久，所以达尔文力图从经济学家马尔萨斯那里借用了这个概念，并像经济学家用于人的行为那样，将它用于自然物种。"② 同时也存在个体间合作的可能，合作是相对于竞争而言的一种人类的基本的经济行为，是两个或两个以上的个体间从各自的利益出发而自愿进行的协作性和互利性的关系。③ 无论个体采取竞争行为还是合作行为，目的都是为了增加个体自身的利益，实现利益最大化。无论是竞争还是合作，都是个体追逐利益的手段，只不过竞争更关注对既定"蛋糕"的争夺，是一种你死我活的激烈搏杀，而合作通过尽量把"蛋糕"做大，实现"双赢"或者"多赢"。

（三）合作以信任为基础

正如上一节所阐述的，信任具有重建和简化社会复杂性的基本功能。良好的人际信任关系能够更好地解决矛盾和冲突，有利于减少交易费用，简化决策过程，提高交易效率。个体的合作水平是影响产出的重要因素，而且，信任对绩效的影响是稳定和积极的。大量研究已经证明，信任不仅可以用来解释个体的产出，如工作满意度、组织公民行为、组织承诺、离职和工作绩效，而且可以用来解释组织的产出，例如信任能够较好地预测团队收益。

信任是合作的基础，建立在信任之上的合作会取得良好效果。无论是社会公众个体之间的相互信任，还是社会组织之间的相互信任，都会对合作行为产生良好的正面作用。对于跨域治理来说，信

---

① 霍荣棉. 基于相互依赖关系的信任及其对合作行为的影响 [D]. 浙江大学博士学位论文, 2009: 1.

② 约翰·伊特韦尔, 默里·米尔盖特, 彼得·纽曼. 新帕尔格雷夫经济学大词典 [M]. 北京: 经济科学出版社, 1992: 577.

③ 王雷. 合作的演化机制研究 [D]. 浙江大学硕士学位论文, 2004: 43.

任是各个治理主体共同处理公共事务和公共问题的基础条件和关键要素，合作是处理公共事务的核心手段和策略途径。

二、地方政府之间合作机制不完善

在现实社会中，地方政府之间的合作行为普遍存在。过去，为了实现经济利益最大化，地方政府之间进行合作；现在，合作行为进一步向社会领域延伸，地方政府为了解决跨域公共事务和公共问题，逐渐加强合作。在梁子湖水污染防治实践中，流域四市政府已经开始进行合作，共同治理水污染。

（一）地方政府之间的合作

地方政府之间的合作，是指在一定区域内的两个或两个以上的地方政府围绕共同的发展目标，通过建立一定的合作组织形式，就共同关心的重要议题和公共事务进行交流、协商、谈判，联合采取行动，实现社会资源的科学配置与合理利用，以实现各自利益最大化的过程。进行合作的地方政府之间，没有领导和被领导的关系。在从区域非均衡发展向区域均衡发展转变的时期，地方政府之间的合作行为日益增加，在促进经济社会发展中的作用日益凸显。

地方政府之间的合作，从不同角度可以进行不同的分类。从行政管辖权的角度看，地方政府之间的合作可以分为三类：第一类，经济要素行政管辖权让渡，如长三角地区统一实施的市场准入政策，长三角地区各地方政府通过在市场监管方面让渡管辖权，在政策制定等方面协商一致，实现区域内的统一管理；第二类，产业结构与产业发展规划权让渡，如江苏、浙江、上海三省市形成一定的高峰论坛，通过产业规划部门的沟通和让步进行统一规划，使得各区域间产业协同发展；第三类，跨界公共问题治理与区域公共产品提供权让渡，一般会在各地政府间成立一个协调机构处理跨域公共事务，如浙江省成立钱塘江污染治理办公室，组织流域内各个地方政府开展合作，共同处理钱塘江流域的治理问题。[①] 从合作向度的

[①] 杨龙，彭彦强．理解中国地方政府合作——行政管辖权让渡的视角［J］．政治学研究，2009（4）．

角度看，地方政府之间的合作可以分为两类：其一，"横向"合作，开展合作的地方政府是同一层次的政府，级别是相同的；其二，"斜向"合作，开展合作的地方政府不是同一层次的政府，相互也没有隶属关系。从合作时间长短的角度看，地方政府之间的合作可以分为两类：一是暂时性合作，一般是因为某个具体事项而进行简单协作，该事项处理完毕时合作随即结束；二是长期性合作，地方政府之间通过正式或者非正式的途径，围绕区域经济发展或社会公共事务治理重大问题，进行长期的协商、互动。从合作目的的角度看，地方政府之间的合作可以分为两类：一是出于发展经济的目的，从区域经济发展或城市圈建设等方面开展地方政府合作，如长三角区域一体化、珠三角区域一体化、武汉城市圈建设、长株潭城市群建设等；二是出于治理社会公共事务的目的，从自然资源开发、生态环境保护等方面进行地方政府合作，如太湖流域治理、钱塘江流域治理等。从合作来源的角度看，地方政府之间的合作可以分为两类：一是指令型合作，地方政府之间的合作源自上级政府的指令，如城市圈建设中地方政府的合作；二是自发型合作，地方政府之间的合作是自发进行的，并非源自上级政府的指令。在目前行政体制和财税体制下，自发型合作大多需要建立在一定的资源依赖基础上，因此合作的范围和力度都相对有限，多数需要上级政府的帮助和引导。

（二）合作与竞争

在观察和研究地方政府之间关系的时候，既要看到竞争的一面，更要看到合作的一面。在我国行政管理体制与公共管理实践中，以行政区域为单元的地区经济利益格局或者说"行政区经济"是经济结构的一个重要特征。无论是履行政府职能、追求地方利益最大化的需要，还是官员绩效考核、政治进步的需要，地方政府之间的竞争都是不可避免的。[1] 这种竞争表面上看是各地区之间在经济发展、社会进步方面的较量，实际上是地方政府之间在制度设

---

[1] 高开. 跨区域集群与地方政府合作及机制探析 [D]. 浙江大学硕士学位论文，2010：30-31.

计、政策制定等领域的较量,以获得地方利益最大化所需的更多资源。竞争是市场经济的精髓,有序、合法的竞争可以促进地方经济发展,提升地方政府的制度构建和公共事务治理能力,促进地方全面发展。

根据地方政府的行为特点,地方政府之间的竞争可以分为三种模式,一是进取型地方政府竞争模式,二是保护型地方政府竞争模式,三是掠夺型地方政府竞争模式。[1] 地方政府之间的竞争是渐进过程,可以分为三个阶段:一是集权渐进模式下地方政府之间的有限竞争;二是行政性分权改革中地方政府之间的诸侯割据;三是经济性分权进程中地方政府之间竞争的新趋势——政府承担经济职能的竞争。[2] 地方政府之间的竞争具有三种基本形态:一是对抗的竞争,二是差异化竞争,三是合作的竞争。[3]

地方政府之间的竞争,既产生积极效应,也带来消极影响。从积极方面看,地方政府之间的竞争推动经济实现高速增长,提高地方公共产品的质量和效率,推动市场化改革进程,约束地方政府的掠夺行为;从消极方面看,地方政府之间的竞争也破坏了法制秩序,扭曲了正常的市场竞争,造成了资源浪费,带来一定程度的社会不公平。[4] 在局部地区和少数情况下,地方政府之间还存在恶性竞争,这影响了地方经济社会发展。

与此同时也应该看到,地方政府之间除了竞争之外,还存在着巨大的合作空间。随着经济社会的快速发展,合作的领域和深度不断扩大。良好的地方政府之间的合作,能转化为促进经济发展和社会进步的重要资源。事实上,行政区域在进行激烈竞争的同时,地

---

[1] 周业安,赵晓男. 地方政府竞争模式研究 [J]. 管理世界,2002(12).

[2] 季燕霞. 论我国地方政府间竞争的动态演变 [J]. 华东经济管理,2001(4).

[3] 刘亚平. 当代中国地方政府间竞争 [M]. 北京:社会科学文献出版社,2007:85.

[4] 刘亚平. 当代中国地方政府间竞争 [M]. 北京:社会科学文献出版社,2007:139-151.

方政府之间的合作已经开始形成，在经济发展较快的地方，往往地方政府之间的合作也比较好。

对于地方政府而言，如果说过去十分重视竞争尤其是经济竞争，重视竞争理念，那么现在要特别重视合作，牢固树立合作理念，更多地通过合作来实现"多赢"或"双赢"，走共同发展之路，促进区域经济社会持续健康发展。

（三）合作需要良好机制

地方政府之间合作的顺利高效开展，需要建立良好的合作机制。地方政府的合作机制是指地方政府在合作过程中的联系、沟通、协调与行动的模式。地方政府合作机制的内容，既包括制度建设与政策制定，又包括组织机构设立。在行政区刚性约束与地方政府间竞争激烈的情况下，建立地方政府合作机制，有利于破解合作困境，促进区域经济社会协调健康发展。首先，良好的地方政府合作机制是长期存在的、相对稳定的，这种长期的沟通有利于地方政府在不断地互动中达成深层次合作意愿。其次，良好的地方政府合作机制必然要求合作的制度化与法制化，这样可以使地方政府的权益得到较好的保障。最后，良好的地方政府合作机制是政府合作全方位的设计与支持，在组织架构、行政绩效、利益分配及官员激励等多方面支持地方政府合作关系的创新与完善。

（四）梁子湖水污染合作治理的约束激励机制不足

在指令型合作中，一般会建立一个领导小组或协调办公室，并请各相关地方政府及其部门参与其中，这种合作中地方政府自愿参与的程度相对较低，一般不愿意在上级命令之外进行更多的合作，而且这种领导小组或协调机构的持续性、稳定性不强，在上级政府迫切需要解决的问题得以解决之后，这种机构的使命就完成了，机构就会被撤销。在自发型合作中，地方政府间一般会通过一定形式的会议或论坛，定期不定期地交流经验信息，形成一些协议，但这类合作随意性较大，很容易造成合作破裂。

在梁子湖水污染治理中，地方政府之间表现出合作意识，初步建立了合作机制，四市政府签订了《保护梁子湖协议》，共同采取治理梁子湖的行动，取得了一定成效。但是，合作治理中问题仍然存在,一是缺乏必要的约束机制,导致合作比较脆弱;二是缺乏合作的利益共享机制,导致合作动力不足。这些导致梁子湖水污染治理中出现了地方政府合作不多、合作力度不大的问题。

三、政府与其他主体间合作机制不完善

与地方政府一样,非营利组织、企业、社会公众都是跨域治理的重要主体。在社会公共事务治理中,地方政府与非营利组织、企业、社会公众之间应该建立一种良好的合作关系。但是,从梁子湖治理的现实状况看,地方政府与非营利组织、企业、公众的合作非常少。下面以地方政府与非营利组织的合作为例来阐述说明。

(一)合作源于联系紧密

地方政府与非营利组织的合作,源于二者之间有着千丝万缕的联系。美国学者保罗·斯特里滕(Paul Streeten)指出,政府与非营利组织之间存在五个方面的联系:第一,非营利组织的计划与政府的宏观经济政策之间有联系。第二,非营利组织的计划经常是由政府来提供的,反之亦然。第三,非营利组织的收入大部分来自政府、银行的捐赠。对于政府和非营利组织来说,合作是更为明智的做法。第四,非营利组织有时也会被政府接管,有时会被政府扩展。当非营利组织强大而且独立的时候,它与政府的合作是可以成功的。第五,非营利组织可以对政府的政策制定人施加各种各样的影响。非营利组织可以参加政策对话,可以施加政治压力来改变政策,还可以批评政策。[1] 政府与非营利组织的这些联系,为二者在社会公共事务治理领域中展开合作奠定了坚实基础。

(二)合作方式多种多样

地方政府与非营利组织合作的范围十分广泛,目前可以在教育、环境保护、医疗、健康等公共事务领域积极展开合作,扎扎实实地作出一些成绩,将来的合作会越来越多。

地方政府与非营利组织的合作方式多种多样,主要有以下几

---

[1] 保罗·斯特里滕. 非政府组织和发展 [J]. 载于何增科主编/公民社会与第三部门 [M]. 北京:社会科学文献出版社,2000:337-340.

种:一是二元模式,政府与非营利组织二者相对独立,处于并行地位,非营利组织弥补政府公共服务职能的短缺,为政府力量没有达到的领域提供同样类型的公共服务,或者为特殊公民提供政府没有提供的服务;二是委托模式,非营利组织作为政府公共服务的委托人出现,没有或只有较少的处理权,比如现实中已经出现的行政合同或者行政委托,就属于这种模式;三是伙伴模式,非营利组织拥有大量的自治权利和决策权利,不仅仅局限于政府"代理人"的角色,而是通过与政府的协商、合作,在一些社会公共事务领域成为政府的"伙伴"。与政府的关系也更为紧密,这是二者的深度合作模式。[①] 从二元模式到委托模式再到伙伴模式,政府与非营利组织的关系愈加紧密,合作程度愈加深化,合作效果也愈加明显。

(三) 合作机制不完善

在我国现实生活中,地方政府与非营利组织二者的关系近似于一种命令—服从的关系,地方政府往往处于绝对的主导地位,这样不利于双方开展合作,不利于实现资源的优势互补。在梁子湖水污染治理实践中,由于环保非营利组织目前还数量极少,地方政府与非营利组织的合作还处于萌芽状态。地方政府与非营利组织合作的意愿还不强,有效的合作机制还不完善,这导致梁子湖水污染治理中出现了地方政府与非营利组织合作非常少的问题。

本章小结

本章将梁子湖水污染防治问题置于现实社会大背景下,从跨域治理的视角剖析其存在问题的原因,主要有三个方面。其一,治理主体比较单一。依靠政府这个主体进行水污染治理,在短期内能够取得初步成效,但是不能从根本上解决问题。为了治理梁子湖水污染,政府要继续发挥主导作用,企业、非营利组织、社会公众等治理主体都要根据自身实际情况,发挥自己的独特作用。其二,治理

---

① 陈晓济. 由冲突走向合作: 政府与非政府组织公共合作行政模式构建 [J]. 甘肃行政学院学报, 2007 (2).

主体之间信任度不高。在处理社会公共事务和公共问题时，需要多个治理主体共同行动，协力合作。治理主体之间协力合作，基础在于彼此相互信任。在梁子湖水污染防治过程中，各个治理主体之间还缺乏充分的信任。其三，治理主体之间合作机制不完善。合作是跨域治理的核心内容。在梁子湖水污染治理中，地方政府之间初步建立合作机制，共同采取治理行动。合作治理中存在的问题，主要是缺乏必要的约束机制和利益共享机制。由于非营利组织目前数量不多，地方政府与非营利组织的合作机制还处于萌芽状态。地方政府与企业、社会公众之间的合作机制现在还很少。

第四章
国内外湖泊水污染跨域治理的经验启示

　　湖泊水污染防治是一个世界性难题。湖泊水污染防治问题十分复杂,从区域上看,往往跨越不同行政区划,既有跨越市县的,也有跨越省市的,还有跨越国界的;从地域上看,既涉及陆域,也涉及水域;从任务上看,既涉及预防,也涉及治理;从治理主体上看,既涉及政府,也涉及企业、非营利组织、社会公众。数十年来,世界很多国家都致力于治理湖泊水污染,既有成功的经验,也有失败的教训。由于发展情况不同,西方市场经济发达国家对湖泊水污染治理起步早,措施多,效果比较好;我国从20世纪90年代以后才开始对湖泊水污染进行大规模的治理,基本上处于初始阶段。本章对国内外湖泊水污染跨域治理的情况进行分析,国内湖泊选择了太湖、巢湖、滇池,这是"九五"计划以来国家重点治理的湖泊;国外湖泊选择了日本的琵琶湖、北美五大湖,它们各有特色,治理效果可观。对这些湖泊简要介绍基本情况,回顾总结其水污染治理过程,梳理提炼治理做法,从中总结出湖泊水污染跨域治理的经验启示。

第一节 国内湖泊水污染跨域治理的情况

改革开放以后,尤其是 20 世纪 90 年代以后,在经济快速发展的同时,江河湖泊水污染问题日益严重。尽管在水污染防治方面做了很多工作,但水污染趋势仍未得到有效控制,许多江河、湖泊、水库及地下水的水质仍在下降。水污染防治的严峻形势,引起党中央、国务院的高度重视。1994 年,太湖、巢湖和滇池等"三湖"被列入我国首批流域治理重点项目。[1] 1996 年,《国民经济和社会发展"九五"计划和 2010 年远景目标纲要》指出,将淮河、海河、辽河(简称"三河")、太湖、巢湖、滇池(简称"三湖")水污染防治列为国家"九五"时期重点污染防治工作,湖泊治理首次列入国家级流域水污染防治规划。"九五"以来,国家对"三河""三湖"治理高度重视,每个五年计划都提出了明确的目标要求,投资力度不断加大。太湖、巢湖、滇池都是跨越行政区划的湖泊,流域面积比较大,是当地经济社会发展快、城市密集、人口集中的区域。为治理太湖、巢湖、滇池水污染,中央、省、市、县(市区)、乡镇政府投入大量人力、物力、财力,虽然取得初步成效,但是与预期目标还有差距,水污染形势不容乐观。这里从跨域治理的视角,分析太湖、巢湖、滇池水污染治理情况,以期为梁子湖水污染治理提供经验借鉴。

一、太湖水污染治理情况

太湖地区人口集中、城市密布、经济发达,太湖水污染问题引起严重关注。国家对太湖水污染防治极为重视,国务院进行部署安排,建立高规格组织协调机构,江苏、浙江省政府开展防治工作,环太湖五市政协聚会商讨,地方性法规颁布实施,治理工作取得了

---

[1] 王金南,吴悦颖,李云生.中国重点湖泊水污染防治基本思路 [J].环境保护,2009 (21).

一定成效。在湖泊治理中,太湖治理是国家最重视、投入最多的,其治理措施具有一定代表性。

(一)太湖概况

太湖是中国第三大淡水湖,太湖流域最大的湖泊,长江中下游五大淡水湖之一,位于江苏省南部、浙江省北部,是一个典型的跨域湖泊(参见图2)。太湖的北界和西界分别为无锡市、锡山市、常州市、武进市和宜兴市,东及苏州市的吴县及吴江市,南为浙江省的长兴县和湖州市。在正常水位3米时,太湖湖面2250平方公里;平均水深1.94米,蓄水27.2亿立方米。出入太湖的河流多达228条,其中主要入湖河流有苕溪、南溪、洮滆等,主要出湖河流有太浦河、瓜泾港、胥江等;人为调控的河流主要有望虞河等。

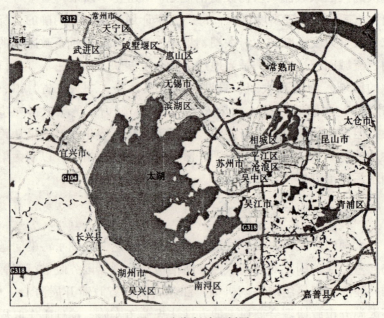

图2 太湖行政区划图

太湖流域地处长江三角洲南缘,北临长江,南抵杭州湾,西接天目山，东濒东海，地跨江苏、浙江、安徽、上海三省一市，流域总面积 36895 平方公里，人口 3400 万，城市化水平居全国之首。太湖流域河网密布，湖泊众多，构成"江南水网"。

改革开放以后，随着工业化的快速推进，太湖水质持续下降，太湖富营养化明显，磷、氮营养过剩。20 世纪 80 年代末，太湖主要污染物总磷、总氮严重超标，局部汞化物和 COD 含量超标；90 年代初，太湖水质从 II 类下降到 III 类；90 年代中期以后，太湖水质继续大幅下降，成为劣 V 类，达到"与人体接触会导致危险后果"的地步。

（二）太湖水污染治理的简要过程

始于 20 世纪 90 年代初的太湖水污染治理，大致分为三个阶段："十五"计划以前，以兴建污水处理厂、严格控制工业污染排放量为治理重点；"十五"计划时期，开始向综合治理转变；"十一五"计划时期，水污染治理攻坚战展开。

国家对太湖大规模的治理始于 1991 年，当时启动了太湖一期治理工程，11 项骨干工程相继投入建设。1996 年，太湖被列入国家"三湖"水污染防治重点，国务院有关部委会同江苏、浙江、上海两省一市发动了水污染治理运动。1996 年 4 月，太湖水污染防治领导小组成立，组建太湖流域水污染防治领导小组办公室。1997 年，国务院批准《太湖水污染防治"九五"计划及 2010 年规划》。此时太湖治理的重点是大规模兴建污水处理厂、严格控制工业污染排放量。1998 年，国务院组织开展"聚焦太湖零点行动"，江苏、浙江、上海围绕目标展开"零点达标"行动。"零点达标"行动后，太湖流域工业污染迅速反弹。

2001 年，太湖水污染防治"十五"规划开始实施。国家对太湖治理战略进行调整，由工业点源控制为主，向工业点源与农业点源综合治理转变；由城市污染控制为主，向城乡污染控制转变；由治理污染为主，向防止污染和生态环境保护转变。2002 年 8 月，国家 863 项目"太湖水污染控制与水体修复技术及示范工程"启动。2003 年，"引江济太"工程开始实施。2005 年，太湖一期治理工程基本结束,工程总投资逾100亿元。

2006年,太湖水污染防治"十一五"规划开始实施。2007年太湖蓝藻事件爆发以后,国家对太湖水污染治理进一步重视,加大对太湖水污染治理的力度。2007年以来,全社会对太湖流域治理的投资达810亿元,太湖水质有所改善。《2010年中国环境状况公报》显示,太湖水质总体为劣Ⅴ类。① 太湖生态拐点尚未出现,太湖治理工作任重道远。

(三) 太湖水污染治理的主要做法

2007年5月29日,太湖蓝藻暴发,水质遭受严重污染,引发无锡市近百万居民供水危机。太湖水污染事件震惊全国,引起党中央、国务院高度重视,太湖水污染治理攻坚战全面展开。

1. 国务院进行安排部署

太湖水污染事件发生后不到半个月,2007年6月11日,国务院太湖水污染防治座谈会在江苏无锡召开。温家宝总理就太湖水污染防治工作作出重要批示:太湖水污染治理工作开展多年,但未能从根本解决问题,太湖水污染事件给我们敲响了警钟,必须引起高度重视,要认真调查分析水污染的原因,在已有工作的基础上,加大综合治理的力度,研究出具体的治理方案和措施。会上,时任国务院副总理的曾培炎指出:"要充分认识治理太湖污染的重要性和紧迫性,充分认识防污治污工作的艰巨性和复杂性,痛下决心,加大力度,打一场太湖治污的攻坚战。"由此开始,国务院两次在无锡市召开会议,对太湖水污染应急处置和环境综合治理作出重要部署。

按照国务院的要求,国家发展改革委会同环保、水利等有关部门及江苏、浙江、上海三省市政府,启动太湖流域水环境综合治理总体方案的编制工作。方案编制工作专班围绕十几个专题深入实际展开调查研究,总结十年来太湖治理经验,借鉴国际湖泊治理经验,还通过网上建言献策、召开座谈会、论证会等方式征求专家和

---

① 2010年中国环境状况公报. 国家环境保护部网站. http://www.zhb.gov.cn, 2011-06-03.

社会公众意见。方案编制历时半年多,经专家会议评审、正式征求各部门意见、修改完善后,上报国务院。2008年4月2日,国务院常务会议对方案进行审议。2008年5月,国务院批复了《太湖流域水环境综合治理总体方案》。

2. 成立高规格组织协调机构

2008年5月,国务院批复同意建立太湖流域水环境综合治理省部际联席会议制度,加强对太湖流域水环境综合治理工作的组织协调,推动《太湖流域水环境综合治理总体方案》的实施。联席会议总召集人由国家发展与改革委员会主任张平担任,联席会议下设办公室,负责日常工作。

2008年5月29日,太湖流域水环境综合治理省部际联席会议第一次会议在北京召开。受联席会议总召集人、国家发展与改革委员会主任张平委托,联席会议召集人、国家发展与改革委员会副主任杜鹰主持会议。联席会议办公室主任范恒山介绍《太湖流域水环境综合治理省部际联席会议制度工作细则和职责分工》,江苏、浙江、上海三省市和相关部门通报太湖治理近期工作情况。各参会单位原则同意工作细则和职责分工。2009年4月1—2日,太湖流域水环境综合治理省部际联席会议第二次会议在江苏省苏州市举行。① 2010年4月1—2日,太湖流域水环境综合治理省部际联席会议第三次会议在江苏省无锡市召开。② 2011年3月31日至4月1日,太湖流域水环境综合治理省部际联席会议第四次会议在浙江省湖州市召开。③ 这三次会议上,各参会单位都就太湖治理工作中所要解决的重要问题展开讨论,并就当年的工作重点和下一步工作达

---

① 孙彬. 合力推进太湖治理 尽早重现碧波美景——太湖流域水环境综合治理省部际联席会议提出新目标要求. 新华网, http://www.xinhuanet.com, 2009-04-02.

② 杜鹰副主任主持召开太湖流域水环境综合治理省部际联席会议第三次会议. 国家发改委网站, http://www.sdqc.gov.cn, 2010-04-07.

③ 太湖流域水环境综合治理省部际联席会议第四次会议在湖召开. 传媒湖州网, http://www.hugd.com, 2011-04-02.

成共识。

3. 江苏、浙江省积极行动

2007年7月7日,江苏省召开太湖水污染治理工作会议,提出用5年时间实现水质明显改善,再用8到10年的时间,彻底解决太湖水污染问题,恢复太湖地区的自然风貌。① 这次会议拉开了江苏省全面整治太湖水污染的大幕。

江苏省水利厅表示,将通过调水引流、底泥清淤等方式,改善水循环,控制蓝藻生长。在保证防洪排涝安全的同时,建立引江调水机制,加快水体流动,使太湖水体更换周期从300天缩短到200天。江苏省环境保护厅表示,将加强太湖流域的环境监管;同时,在执法监管上,将强化断面水质目标管理制度、限期治理制度、行政代处置制度、监管包干制度、挂牌督办制度、"飞行检查"制度、责任追究制度等7项制度的执行。

苏州市表示,从长远考虑,从最紧迫的事情做起,下最大决心把太湖水治理好、保护好。一方面,进一步调整优化产业布局和结构,从源头削减污染物排放总量;另一方面,倡导清洁生活,加大宣传,努力形成文明的生活方式和消费模式。无锡市承诺,除了实施太湖整治六大工程、开展环保优先八大行动外,还将采取四大供水措施,保证让市民喝上干净放心的水。宜兴市表示,对新上项目实行"四个一律不批":新办的化工企业、有氮磷排放的工业项目、超出区域环境容量的项目、不符合国家产业政策环保要求的项目一律不批。吴江市表示,按照东太湖综合整治规划,东太湖退垦比例在70%左右,并沿东太湖中轴完成泄洪及供水通道,建设东太湖湿地公园。苏州市吴中区7个镇都成立蓝藻打捞队,建立水质监测制度,实行水情水质一日一报。在治污方面,对沿太湖的企业进行拉网式检查,排查出重点整治单位,督促整改。

---

① 沈原,王烨. 全省各地各部门积极行动整治太湖水污染 [N]. 扬子晚报,2007-07-09.

2007年6月，浙江省召开太湖流域水污染防治工作会议，要求把杭嘉湖地区水污染防治纳入生态省建设年度目标责任考核，纳入政府部门目标责任制考核，对交界断面水质达不到目标要求的市、县（市、区）和对工作不力、相关任务达不到进度要求的部门，要严肃问责，在考核中实行"一票否决"制。① 浙江省政府随后制发了《关于进一步加强太湖流域杭嘉湖地区水污染防治工作的通知》，进一步明确了相关政策措施。

浙江省环境保护局表示，加快太湖流域杭嘉湖地区污染整治，提高杭嘉湖地区的建设项目环境准入标准，加快推进城镇污水处理厂和配套管网建设、环境监测监控和预警应急体系建设。浙江省物价局决定，调整太湖流域杭嘉湖地区余杭、桐乡、南浔、长兴等12个县（市、区）的非经营性、经营性和特种行业用户的污水处理费，并推行工业企业污水处理费按污染程度分档计价。浙江省科技厅组织科技人员，就重大科技项目"太湖流域水污染防治关键技术集成和工程示范"开展联合攻关。②

湖州市拆除曾享誉浙北的湖鲜街，湖鲜街曾经一年带来1800万元收入。③ 目前，嘉兴市建成城镇污水处理厂和大型工业污水集中处理厂19家，建成污水收集管网超过2200公里，实现了污水处理设施镇域全覆盖。④

2008年5月，浙江省政府召开太湖流域水环境综合治理和蓝藻应对应急工作会议，进行具体部署，进一步明确任务，落实责

---

① 赵晓. 浙江省召开太湖水污染防治会　六大措施治理杭嘉湖［N］. 中国环境报，2007-06-29.

② 肖国强，朱润晔. 浙江启动治理太湖流域水污染重大科技项目［N］. 浙江日报，2007-07-19.

③ 王增军，洪慧敏. 浙江省治理太湖水污染　湖鲜一条街告别南太湖［N］. 今日早报，2007-08-27.

④ 徐玲英，陶克强. 太湖流域水污染治理促嘉兴市水质持续改善［N］. 嘉兴日报，2011-02-21.

任。① 会议要求，市县政府要建立一把手负总责、分管领导具体负责、有关部门和单位直接负责的责任分担和落实机制，实行严格的责任制和问责制。

2008年6月，浙江省政府决定，将浙江省杭嘉湖地区水污染防治领导小组更名为浙江省太湖流域水环境综合治理领导小组，并调整充实组成人员。② 领导小组办公室负责领导小组的日常工作。领导小组成员单位包括省发改委、省环保局、省经贸委等21个省直部门，杭州、湖州、嘉兴三市政府。

4. 环太湖五市政协共商治理大计

2009年，位于太湖周围的浙江省湖州市、嘉兴市和江苏省苏州市、无锡市、常州市5市政协首次相聚，为保护和治理太湖建言献策。2010年，他们再次相聚于湖州市，围绕"十二五"环境规划，总结出16条"治太"建议。③ 这些建议集中体现在全面推动经济转型升级、严格控制农业面源和城镇生活污染、恢复太湖生态系统、着力促进流域协同治理、积极倡导建设节水型社会5个方面。

全国政协副主席厉无畏在会议上说，根治太湖污染，保护太湖环境，是全流域共同的责任。单一、局部的治理措施不可能有效改善流域水环境，必须打破条块分割，解决"多头治水"的问题，从区域治理走向区域与流域相结合的全局治理，建立区域内资源共享、运行一致的协调管理机制、信息沟通机制、监督检查机制，实现太湖水环境的全面治理和保护。

5. 出台行政规章和地方性法规

2007年9月，江苏省人大常委会对1996年6月通过的《江苏

---

① 我省部署太湖流域水环境综合治理和蓝藻应对应急工作. 浙江省人民政府网站，http://www.zj.gov.cn，2008-05-06.

② 浙江省人民政府办公厅关于成立浙江省太湖流域水环境综合治理领导小组的通知. 浙江省人民政府网站，http://www.zj.gov.cn，2008-06-02.

③ 赵晓，周颖. 环太湖五市政协再商治污大计［N］. 中国环境报，2010-07-01.

省太湖水污染防治条例》（以下简称《条例》）进行修订。新《条例》坚持落实科学发展观，坚持环保优先方针，坚持铁腕治污，建立健全最严格的环境保护制度，为彻底整治太湖污染提供强有力的法律依据。《条例》进一步强化强化政府及有关部门在治理太湖中的主体责任，同时按照"问责制"的要求，对违反有关规定的人员，明确了责任追究。《条例》增加了公众参与、知情监督的内容。要求环境保护部门应当将排污单位及其排污口的位置、数量和排污情况向社会公布，方便社会监督。新闻媒体、社会团体以及其他社会组织、公民可以对排污单位的排污情况进行监督。

2008年10月，浙江省政府出台《关于进一步加强太湖流域水环境综合治理工作的意见》（以下简称《意见》）。《意见》提出了治理工作的总体要求、治理目标，要求杭嘉湖地区各市、县（市、区）政府和省级有关部门要结合本地本部门实际，制订具体实施计划，细化分解任务，确保各项工作落到实处。《意见》强调，加强联动配合，形成实施合力。

水利部于2009年将《太湖管理条例（送审稿）》报国务院审查。国务院法制办公室在充分听取有关部门、地方人民政府、科研教学单位意见和深入调研的基础上，经与水利部、环保部等部门反复研究、修改，形成了《太湖管理条例（征求意见稿）》。[1] 2011年8月24日，国务院常务会议审议通过《太湖流域管理条例》，9月7日公布，自2011年11月1日起施行。[2] 这是我国第一部流域综合性行政法规，突出了饮用水安全、水污染防治、水资源保护。《太湖流域管理条例》用超过一半的条款，详细规定了太湖流域水污染防治的各项要求。

---

[1] 陈菲. 国务院拟出台条例治理 太湖水污染防治面临四问题. 新华网, http://www.xinhuanet.com, 2010-06-03.

[2] 姚芃. 太湖流域管理条例重点突出特点鲜明问责明晰. 法制网, http://www.legaldaily.com.cn, 2011-10-09.

二、巢湖水污染治理情况

五大淡水湖中，巢湖曾经是水污染程度最严重的湖泊。巢湖水面跨越巢湖市、合肥市两个市级行政区，巢湖流域跨越巢湖、合肥、六安市等三个市级行政区，都属安徽省管辖。① 安徽省政府是巢湖流域水污染防治的责任主体。为防治巢湖流域水污染，安徽省开展了一系列工作。

（一）巢湖简介

巢湖，又称焦湖，位于长江中下游的安徽省中部，距省会合肥约 15 公里，是安徽省内最大的湖泊，中国第五大淡水湖。巢湖东西长 78 公里，南北宽 44 公里，水域面积 760 平方公里，湖泊蓄水量 36 亿立方米。巢湖湖区跨越巢湖、合肥两市，以湖中姥山岛为界，以西称西半湖，属合肥市管辖，约占巢湖总面积的 1/3；以东称东半湖，属巢湖市管辖，约占巢湖总面积的 2/3。巢湖是周边 300 万城乡居民唯一的饮用水源地。

巢湖流域跨越巢湖市、合肥市、六安市三市，涵盖庐江县、无为县、和县、含山县、居巢区、肥东县、肥西县、合肥市区、舒城县等县市区（参见图 3），流域面积 13486 平方公里，人口 700 多万。

20 世纪 50 年代，巢湖水质还比较好；80 年代以后，巢湖水质恶化，全湖平均水质仅达地面水 V 类标准，总氮、总磷含量严重超标。1998 年 6 月，国家环保总局公布 1997 年五大淡水湖泊环境质量，污染程度最高的是巢湖。

---

① 2011 年 8 月 22 日，安徽省宣布，根据国务院的批复，撤销地级巢湖市，并对原地级巢湖市所辖的一区四县行政区划进行相应调整，分别划归合肥、芜湖、马鞍山三市管辖。为理顺巢湖管理体制，专门成立巢湖管理局，统一管理巢湖规划、水利、环保和巢湖流域主要控制设施管理事务。从 8 月 22 日起，安徽省将全面启动行政区划调整的对接实施工作，计划 9 月 10 日前基本完成人员安置等主要工作。详见 2011 年 8 月 22 日新华网杨玉华、蔡敏的文章《安徽宣布撤销地级巢湖市原辖区县"一分为三"划归合马芜三市》。行政区划调整后，巢湖成为合肥的"内湖"，湖面不再跨越两个市级行政区。本书仍然将巢湖作为跨越地级巢湖市、合肥市的湖泊，引用相关数据资料，特此说明。

第四章 国内外湖泊水污染跨域治理的经验启示　125

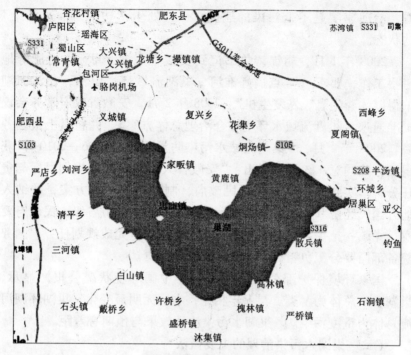

图 3　巢湖行政区划图

（二）巢湖水污染治理的简要过程

"八五"时期，政府开始重视巢湖水污染问题，并投入资金进行治理。大致以 2007 年底为界线，巢湖水污染治理分为两个阶段。2007 年底以前，巢湖水污染处于"边治理、边污染"的状态；2008 年开始，巢湖水污染治理进入综合治理时期。

2002 年 12 月，国务院批复《巢湖流域水污染防治"十五"计划》，指出："巢湖流域水污染防治主要责任在安徽省人民政府。"2007 年 9 月，安徽省发展与改革委员会牵头编制了《巢湖流域水环境综合治理总体方案》。1998—2007 年的 10 年间，在巢湖污染治理方面，安徽省共投入约 56 亿元，取得一些成效。[①] 但总体上

---

　　① 陈昆才，范利祥. 巢湖污染综合治理方案将出　国开行承诺 200 亿贷款支持［N］. 21 世纪经济报道，2007-10-01.

看，治理速度赶不上污染的速度，一直处于"边治理、边污染"的状态。

2008年1月，胡锦涛总书记到安徽省芜湖、阜阳、合肥等地考察工作，要求"重点搞好淮河、巢湖流域环境整治，让江河湖泊得以休养生息、恢复生机"。2008年2月，安徽省政府常务会议批准通过《巢湖流域水环境综合治理总体方案》，并将其上报国务院。2008年4月，《巢湖流域水污染防治规划（2006—2010）》获得国务院同意。该规划提出："安徽省人民政府要把规划目标与责任分解落实到市（县）级人民政府，制定年度实施方案，并纳入地方国民经济和社会发展年度计划组织实施。地方各级人民政府要实行党政一把手亲自抓、负总责，按期高质量完成规划任务。国务院各部门要分工负责、各司其职、各负其责。"

国家环境保护部公布的《2010年中国环境状况公报》显示，巢湖水质总体为Ⅴ类。与上年相比，水质无明显变化。巢湖环湖河流总体为重度污染。① 巢湖水污染治理效果与预期有差距。

（三）巢湖水污染治理的主要做法

安徽省制定并实施《巢湖流域水污染防治条例》，合肥市、巢湖市政府采取措施，合肥、巢湖、六安三市政府联合行动，为治理巢湖水污染做了大量工作。

1. 制定并实施《巢湖流域水污染防治条例》

1998年12月，安徽省人大常委会通过《巢湖流域水污染防治条例》，自1999年3月1日起施行，为治理巢湖流域水污染提供法律依据。《巢湖流域水污染防治条例》规定："省及巢湖流域县级以上人民政府环境保护行政主管部门对本行政区域内巢湖流域水污染防治实施统一监督管理。"其他相关政府部门"按照各自职责，对巢湖流域水污染防治实施监督管理"。

《巢湖流域水污染防治条例》的实施，促进了巢湖流域水污染防治工作的开展，取得一定成效。但是，随着新情况新问题的出

---

① 2010年中国环境状况公报. 国家环境保护部网站，http://www.zhb.gov.cn，2011-06-03.

现，条例的有些具体规定还不能适应现实发展的需要。2010年12月，安徽省政府法制办和省环保厅联合召开"巢湖流域水污染防治条例修订"立项论证会。① 安徽省人大法工委和环资委、省政府法制办、省环保厅、合肥市环保局、巢湖市环保局负责同志及相关专家学者出席论证会，正式启动条例的修订工作。

2. 合肥、巢湖市积极采取措施

2008年，合肥市政府确立巢湖水污染治理"两步走"目标：力争到2010年实现巢湖西半湖水质明显好转，主要污染物指标基本达到Ⅲ类标准；力争到2020年，巢湖西半湖所有指标达到Ⅲ类标准，基本恢复西半湖地区的自然风貌，形成流域良好的宜居环境。② 与此同时，成立由市长任组长的领导小组，组建合肥市巢湖污染综合治理管理机构，推进治理工作。

合肥市首先抓源头控制，确立"治湖先治河，治河先治污"的工作思路，积极开展水污染治理工作。在治理河流方面，合肥完善相关专项规划，打破行政区域约束，按照河流水系将水环境治理分为若干片区，逐一进行治理。在治理污水方面，合肥市沿主要河道两侧埋设截污管网，将污水收集后送入污水处理厂，处理达标后排放；在先行截污的基础上，对河道实施综合治理。目前，合肥污水日处理规模达到了85.2万吨、城市污水集中处理率超过85%。

巢湖市于2004年编制实施《巢湖市生态市建设规划》，建立并落实部门联席会议制度、督查调度制度、信息通报制度、黑名单制度和严格问责制度，加强组织协调，强化政策支持，推动经济建设与环境保护协调发展。③ 政府相关部门以巢湖流域限批为契机，采取措施，扩大重点污染源的在线监控覆盖面。采取"控源、截污、清淤、修复、活水"等多种治理措施，减少污染排放。

---

① 《巢湖流域水污染防治条例》修订立项论证会召开. 安徽省环境保护宣传教育中心网站，http://www.aepb.gov.cn, 2010-12-24.

② 潘骞. 合肥市推动巢湖流域水环境治理 清水归巢幸福城［N］. 中国环境报，2010-11-19.

③ 宋国权. 一篙清水好发展——用科学发展观指导生态巢湖建设［J］. 求是，2008（23）.

3. 合肥、巢湖、六安联合治理

2010年7月,合肥、巢湖两市领导举行会谈,共商巢湖治理大计。① 座谈会上,两市领导分别介绍了近年来在巢湖综合治理方面所做的工作,与会同志围绕科学做好环巢湖综合治理及生态环境保护工作进行讨论研究,提出意见和建议。

2010年7月,合肥经济圈人口资源环境论坛在合肥召开,合肥经济圈的合肥、巢湖、六安、桐城、淮南五市政协就"巢湖综合治理"展开讨论,纷纷建议加强联动协作,合力治理巢湖。②

随着合肥经济圈建设的推进,合肥与六安、巢湖三市开始共同治理巢湖:③ 联合制定实施巢湖流域水环境综合治理具体方案,开展全流域联合环境治理;制定统一的行业排放标准,控制重污染行业发展,关停污染严重的小企业,确保工业达标排放;推进"引江济巢"工程,增加巢湖的水体交换量。

2011年7月,安徽省环保厅传出消息,未来五年,合肥、六安、巢湖三市将联合治理巢湖流域。④ 根据计划,安徽省将建立预防西南、治理西北、防治东部和修复湖区的分区污染防治战略。

三、滇池水污染治理情况

滇池是云南省昆明市的"内湖",滇池流域也完全属昆明市管辖。滇池面积相对较小,涉及的行政区划也少。云南省、昆明市在治理滇池水污染过程中,出台《滇池管理条例》,理顺滇池管理体制,建立一系列长效机制,还注意发挥民间环保人士的作用,对湖泊水污染治理进行新探索。

---

① 徐华. 巢湖合肥两市共商巢湖综合治理大计 [N]. 安徽经济报,2010-07-09.

② 余晓玲,强薇. 合肥经济圈人口资源环境论坛在肥召开 [N]. 合肥日报,2010-07-16.

③ 潘骞. 合肥市推动巢湖流域水环境治理 清水归巢幸福城 [N]. 中国环境报,2010-11-19.

④ 魏娟,俞宝强. 巢湖治理"大旗":合六巢联合扛起 [N]. 市场星报,2011-07-22.

（一）滇池概况

滇池位于云南省昆明市西南，是云南省面积最大的高原湖泊，全国第六大淡水湖。滇池东北部的一道海埂大坝，将滇池分为南北两部分，北部的小片水域称为草海，南部的大片水域称为外海。滇池面积311平方公里，蓄水量为16亿立方米。滇池东、南、北三面有20余条河流汇入，滇池水在西南海口泄出，流经普渡河，汇入金沙江。

滇池流域面积2920平方公里，涉及昆明市西山、官渡、呈贡、晋宁、嵩明、五华、盘龙七个县区（参见图4）。滇池流域占云南省总面积0.78%的地区，集中了全省4.5%的人口，9.8%的农业产值，82%的工业产值，40%的大中型企业。①

滇池属于半封闭性湖泊，地表无大江大河注入，是昆明唯一的纳污水体，主要污染源为城市生产生活污水。滇池位于昆明市的南端，处在下游，整座城市的污水都流往滇池。20世纪70年代后期，滇池开始受到污染；90年代，滇池水污染速度加快。

（二）滇池水污染治理的简要过程

1993年4月，云南省政府召开滇池污染治理现场会，部署对滇池水污染治理工作，开始大规模治理滇池水污染。② "十一五"时期以前，滇池水污染治理重点在截污过程和污水净化达标排放，治理方式局限在工程措施。"十一五"以后，滇池治理逐渐转变为全过程治理，采取统筹兼顾、系统考虑、多管齐下、长期综合治理模式。

1998年9月，国务院批复《滇池流域水污染防治"九五"计划及2010年规划》。1999年4月，滇池启动达标排放"零点行动"。③ 2003年3月，国务院批准《滇池流域水污染防治"十五"

---

① 卢斌. 都市膨胀带来治污困局 云南滇池已重病缠身[N]. 南方都市报, 2007-11-14.
② 郭振仁. 滇池治理的核心任务与策略思考[J]. 云南环境科学, 2003 (2).
③ 治理大事记(1972—1999). 新华网云南频道, http://www.yn.xinhuanet.com, 2010-10-08.

图 4　滇池行政区划图

计划》，提出"污染控制、生态修复、资源调配、监督管理、科技示范"的防治方针。

"十一五"时期以来，云南省加大滇池治理力度，逐步完善和统一滇池治理思路，制定了《滇池水污染防治"十一五"规划》、《滇池流域水环境综合治理总体方案》和补充方案，明确工作重点，推进滇池治理工作。据统计，"十一五"时期，滇池治理共完成投资171.77亿元,是"十五"时期的7.7倍。①

2011年5月,云南省政府召开滇池治理工作会议,提出在"十二五"期间要以更大的气魄推进滇池治理,确保湖体总体水质稳定达到V类,各项综合指标体系达到相应要求,争取早日退出国家"三河三湖"重点污染治理名单。②

《2010年中国环境状况公报》显示,滇池水质总体为劣V类。与上年相比,水质无明显变化。③

(三) 滇池水污染治理的主要做法

在治理滇池水污染过程中,云南省、昆明市注重依法治理,制定并实施《滇池管理条例》;着力理顺滇池管理体制,成立滇池管理局;按照"治湖先治水,治水先治河,治河先治污,治污先治人,治人先治官"的思路,建立一系列长效机制;注意发挥民间环保人士的作用,"滇池卫士"张正祥引起广泛关注。

1. 制定并实施《滇池保护条例》

为保护和合理开发利用滇池流域资源,防治污染,改善生态环境,昆明市人大常委会与1988年2月通过了《滇池保护条例》,后来又于2002年1月对其进行修正。

《滇池保护条例》就管理机构和职责、滇池水体保护、滇池盆地区保护、水源涵养区保护、综合治理和合理开发利用、奖励和处罚等内容进行具体规定,为保护滇池提供法律依据,做到了有法可依。

随着形势变化,作为昆明市地方性法规的《滇池保护条例》,部分内容与实际工作不相协调。2007年7月,云南省人大常委会将制定《云南省滇池保护条例》列入2008年立法计划,将现行《滇池保护条例》上升为省级地方性法规,统一保护行动,动员社

---

① 科学治污见成效 滇池水环境得改善. 水世界网站, http://www.chinacitywater.org, 2011-07-14.

② 赵岗. 力争滇池退出国家"三湖三河"重点污染治理名单[N]. 云南日报, 2011-05-07.

③ 2010年中国环境状况公报. 国家环境保护部网站, http://www.zhb.gov.cn, 2011-06-03.

会力量参与滇池保护。2009年11月,《云南省滇池保护条例(草案)》公开征求意见。① 云南省人大常委会计划2011年提请审议《云南省滇池保护条例》。②

2. 理顺滇池管理体制

2002年4月,为了适应滇池保护和治理的需要,昆明市在滇池保护委员会办公室的基础上,成立滇池管理局。滇池管理局行使组织、协调和监督管理职能,这对于抓好滇池保护与污染治理的各项具体工作起着重要作用。昆明市对滇管局、滇池北岸工程局、滇投公司、市环保局的职责进行重新定位和整合,加强统筹协调,改变多头管理、权责不清的状况,建立职能清晰、权责统一、运转协调、管理有效的管理体制。

按照昆明市政府对机构设置的通知规定,昆明市滇池管理局既是昆明市滇池保护委员会的常设办事机构,又是昆明市政府主管滇池污染治理与滇池保护和行政执法的职能部门。昆明市滇池管理局的主要职责有15项,其中包括：编制滇池保护和滇池水污染防治总体规划、专项规划、年度计划及综合整治方案,并组织实施；参与涉及滇池保护的七个县区滇池保护范围内开发项目的审批工作；负责对七个县区滇池保护范围内所有建设项目的审查并提出审查意见；对影响滇池和水资源保护、水污染防治、生态环境等方面的建设项目实行"一票否决制"；指导监督七个县区滇管局(执法分局、滇保办)和滇池投资公司的工作。

3. 建立七大长效机制

2008年3月,昆明市召开滇池流域水环境综合治理工作会议。③ 会议提出,以更高的标准,用更严的措施,铁腕治污,科学治水,综合治理,实现"湖外截污、湖内清淤、外域调水、生态

---

① 《云南省滇池保护条例(草案)》公开征求意见. 云南省政府法制信息网, http://www.zffz.yn.gov.cn, 2009-11-12.

② 冯丽俐. 云南省人大常委会将审议12部法规[N]. 昆明日报, 2011-03-31.

③ 铁腕治污 坚持环保"七个优先"——滇池流域水环境综合治理工作会议召开. 国家环境保护部网站, http://www.zhb.gov.cn, 2008-04-02.

修复"四大目标，还滇池一湖清水。昆明市委、市政府明确，按照"治湖先治水，治水先治河，治河先治污，治污先治人，治人先治官"的思路，建立"七大机制"，加大滇池流域水污染治理力度。

一是领导协调机制：成立滇池流域水环境综合治理指挥部，加强对滇池全流域水环境治理工作的统筹协调。二是优化产业机制：根据滇池流域不同功能区划的实际，制定鼓励类、限制类、禁止类产业发展目录，引导企业按区划、按目录投资发展。三是市场投入机制：形成多元化投入机制，强化"排污者付费、治污者赚钱"的政策导向，增强企业减排治污的动力。四是科技支撑机制：组织开展关键技术的科技攻关，组成跨地区、跨部门、跨领域的专家委员会，对滇池治理规划和重大工程措施进行科学论证，加大科学治理的工作力度。五是政策扶持机制：把治理投入作为政府建设投资和财政支出的重点，安排专项资金，为治理提供资金支持。六是公众监督机制：完善公共信息发布机制，扩大公众对环境问题的知情权。发挥社会监督特别是舆论监督的作用，增强企业的社会责任，提高社会公众生态环保意识。七是干部考核机制：提高生态环境指标在干部考核体系中的权重，将其作为考核干部政绩的突出指标，实行"一票否决制"。

4. 民间环保人士引起关注

说到滇池保护，人们会很自然地想起"感动中国年度人物"、"滇池卫士"张正祥。这位六十多岁的农民，为保护滇池已经顽强地工作了整整32年。

张正祥从1980年开始保护滇池西山。滇池四面环山，西部和南面的群山紧靠水面，蕴藏着丰富的磷矿和石灰石，而且埋藏浅、品位高。此时，盗伐树木现象严重，采石场和矿场增加。张正祥住到西山上，当上护林志愿者。因为制止盗伐西山森林的不法行为，张正祥多次遭到盗伐者的辱骂、恐吓、殴打。1994年后，张正祥开始学习依法依规、有根有据地举报破坏滇池、西山的违法违规行为。2004年6月，他被西山区滇管局聘为巡查员。滇池周围度假地产开发兴起时，距离滇池不到10米的"彩云湾"项目，计划投资5亿元，建顶级奢华休闲之所。张正祥极力反对，坚持"不厌其烦、不断上书、不达目的绝不罢休"。在他长达3年的干预下，项目被勒令停工。

2005年，张正祥被评为"中国十大民间环保杰出人物"之一。2007年，张正祥被昆明市政府授予"昆明好人"称号。2009年，张正祥被评为"感动中国年度人物"，对他的评语是："他把生命和滇池紧紧地绑在了一起。"2010年2月，他独自到北京参加"感动中国年度人物"颁奖典礼。

32年间，张正祥为保护滇池，倾家荡产，累计投入200万元，还欠外债20多万，右手残疾、右眼失明，两任妻子离去，儿子被吓成精神病。①他用牺牲整个家庭的惨重代价，告倒160多家向滇池排污的企业，"赶走"63家大型采石场、好几家准备在滇池边做房地产项目的地产商，告倒100多个各级官员、240多名老板，得罪250多家单位。

现在，张正祥的日常工作就是到滇池周边巡逻，公文包里装着数码照相机、望远镜、地图及巡查日记本。"西山是我爹，滇池是我妈"，是张正祥的口头禅。

第二节 国外湖泊水污染跨域治理的经验

西方一些市场经济发达国家在经济起飞时期，工业化和城市化快速推进，给资源环境造成严重破坏，环境压力与日俱增。资源环境问题引起重视，开始治理污染、保护环境。在湖泊水污染治理方面，业界公认取得良好效果的，一个是日本的琵琶湖，一个是北美五大湖，都是跨域湖泊，这里就探讨日本琵琶湖、北美五大湖水污染治理的情况。在湖泊水污染防治中，政府始终发挥着主导作用，无论中国还是外国，概莫能外。因此，在分析总结国外湖泊水污染防治经验时，对政府的做法只进行简要介绍，对非营利组织发挥作

---

① "滇池卫士"张正祥坚守32年 妻离子散报复不断. 中国江苏网, http: //www.jschina.com.cn, 2011-02-14.

用、社会公众参加环保活动等方面的情况,则详细探讨,因为这些是我国湖泊水污染防治中亟待加强的。

一、日本琵琶湖水污染治理经验

琵琶湖遭到污染后,治理历时 30 年,耗资 185 亿美元,最终使水质好转,水污染治理取得良好效果。琵琶湖治理能够取得成效,是各个治理主体协力合作的结果,是综合运用多种治理措施的结果。在此主要探讨政府制定实施法律政策、动员社会公众参加治理的情况。

(一)琵琶湖概况

琵琶湖(Lake Biwa)位于日本本州岛中西部地区的滋贺县,湖面面积 674 平方公里,是日本最大的淡水湖,跨越不同市町(参见图 5)。琵琶湖流域面积达 3848 平方公里,约有 120 条河流直接流入琵琶湖,出流只有濑田川和琵琶湖排水渠,水流最后注入大阪海湾。琵琶湖为日本东京、大阪等近畿都市圈的 1400 万人提供生活用水和生产用水。

自古以来,琵琶湖周边地区的人们就在湖边种植水稻,在湖中从事渔业生产,与琵琶湖有着良好的生息关系。但是,从 20 世纪 50 年代开始,随着城市化和工业化的急速推进,琵琶湖流域工业企业迅速增加,城市人口日益增多,人们生产生活状况发生很大变化。一方面,城市用水量急剧增加;另一方面,工业污水、日常生活废水大量出现,导致琵琶湖的生态环境和居民的生存环境受到严重破坏,琵琶湖水污染现象日益严重。

(二)琵琶湖水污染治理的简要情况

20 世纪 60 年代,琵琶湖生态环境明显恶化,水质急剧下降,赤潮、绿藻现象经常发生,湖岸周边常年漂浮着各种生活垃圾。1965 年,琵琶湖生态环境恶化,导致了严重社会问题。1971—1972 年,琵琶湖水质恶化达到顶峰。[①] 1977 年,琵琶湖爆发大规

---

① 蒋蕾蕾. 日本琵琶湖治理对我国公众参与环境保护的启示 [J]. 科技创新导报,2009(7).

图5　琵琶湖行政区划图

模赤潮，引起日本社会的普遍震惊。

自60年代开始，琵琶湖水污染被政府作为大事来对待，开始琵琶湖环境治理行动。为了对琵琶湖水污染和生态环境进行治理，日本政府、地方自治机构、非营利组织、社会公众都积极参与行动，采取源水培育、湖水治理、生态建设等多种措施，耗资达到185亿美元。

经过30年的持续治理，琵琶湖水质好转。目前，流入琵琶湖的污水处理率达到90%以上，琵琶湖整体生态环境明显改善，成为人们向往的一处旅游胜地。

(三) 琵琶湖水污染治理的主要经验

琵琶湖治理能够取得成效，是各个治理主体齐心协力参与合作的结果，是多种治理措施综合运用共同作用的结果。其中尤其值得重视和借鉴的是，政府制定实施一系列相关法律政策、动员社会公众积极参加环保活动，对琵琶湖水污染治理具有重要作用。

1. 制定实施一系列相关政策法律

日本琵琶湖水污染治理过程中，政府制定和执行了一系列政策、法律。根据琵琶湖水污染治理中出现的新情况新问题，政府不断出台新的政策和法律，通过这些政策法律指导水污染治理。自1967年以来，根据琵琶湖水污染治理重点内容的变化，可以将琵琶湖整治过程大致划分为五个阶段。

第一阶段（1967—1976年）：制定《琵琶湖环境保全对策》，对琵琶湖水污染进行治理。日本政府对社会公害和水污染的防治十分重视，早在1967年就制定了《公害对策基本法》，1970年又制定了《水质污浊防止法》。1972年5月，滋贺县政府依据这些法律法规，制定了《琵琶湖环境保全对策》。《琵琶湖环境保全对策》规定，对所有流入琵琶湖的有机物污染，对人为因素造成的工厂有害物质排放，实行强制禁止。1972年12月，滋贺县政府要求严格执行《水质污浊防止法》确定的工业废水排放标准，对琵琶湖周边的工厂排放物质进行严格检查和限制。对生活用水排放的规范处理、下水管道的整修，大量设置合并处理净化槽设备，尽量减少洗涤剂的使用，通过这些措施来减少氮磷排放，降低琵琶湖富营养化的威胁。对琵琶湖周边的洗涤剂生产厂家采取多种整治措施，如将湖边的生产厂家搬迁，要求厂家对产品升级换代，规定厂家要加大对废水的治理力度，从源头上减少工业废水对琵琶湖的污染。

第二阶段（1977—1981年）：制定《新琵琶湖环境保全对策》，对琵琶湖富营养化现象进行整治。1977年，琵琶湖爆发赤潮，引起日本社会的震惊。为了保护琵琶湖，周边的居民积极行动起来，发起恢复琵琶湖生态运动。在湖区居民的大力推动下，1979年10月，滋贺县政府颁布《关于防止琵琶湖富营养化的相关条例》。该条例规定，湖边所有的企业和工厂都要按照规定的排放标准来排放氮和磷，禁止出售、使用含磷的合成洗涤用品。1980年，滋贺县政府制定《新琵琶湖环境保全对策（琵琶湖ABC作战）》。为了将该对策的内容落到实处，政府进一步对琵琶湖生态环境保护工作进行综合的调查研究；运用报纸、杂志、电视、电影等方式，广泛宣传各种保护水质的措施；在村落和学校宣传环境保护知识，使居民和学生养成保护环境的良好习惯。

第三阶段（1982—1995年）：制订第一期湖泊水质保护计划，对琵琶湖水质进行保护。为了促进全国范围内湖泊水质的全面改善，日本政府于1982年出台针对湖泊氮磷含量的水质环境标准，1984年又制定了《湖泊水质保护特别实施法》。1985年12月，琵琶湖成为《湖泊水质保护特别实施法》的指定执行湖泊。1987年3月，滋贺县政府制订了第一期湖泊水质保护计划，对琵琶湖水质保护提出具体要求。这个计划以5年为期限，除了确定琵琶湖水质目标值，还开展城镇和农村下水道等水质保护工程建设，对新建企业和工厂的排污量进行限制，要求规模较小的企业和工厂设置小型的净化槽。通过这些有针对性的措施，进行综合的有计划的水质保全。

第四阶段（1996—1999年）：制定《推进生活排水对策的相关条例（豉虫条例）》，控制琵琶湖微微浮游生物的异常繁殖。经过长期的综合治理以后，琵琶湖的氮磷含量比过去有一定程度的下降，湖泊富营养化现象也有一定程度的改善。但是，琵琶湖水域新的问题开始出现，微微浮游生物异常繁殖，琵琶湖北湖的COD日益增长。针对这种新情况，1996年，政府制定了《推进生活排水对策的相关条例（豉虫条例）》。该条例规定，日平均排水量在10—30立方米的小规模企业，污水排放一定要适当限制；对一般家庭，免费安装小型处理净化槽。1997年，日本政府和琵琶湖周边各县开展合作，出台琵琶湖水质保护对策行动计划，试图解决琵琶湖南湖东岸地区的水域整治问题。

第五阶段（2000年至今）：制订《琵琶湖综合保护整治计划（21世纪母亲河计划）》等多项政策和法律，对琵琶湖生态系统进行综合整治。琵琶湖水质的变化,是多种因素共同作用的结果。既有经济社会活动的影响,也有全球环境变化的影响。对琵琶湖生态环境的保护和修复,不仅涉及水环境的改善,而且涉及整个生态系统。如果仅仅对水污染进行治理,而不是进行全面的综合整治,也难以取得良好效果。2000年,政府制订了《琵琶湖综合保护整治计划(21世纪母亲河计划)》,以琵琶湖内水质保护、水源地整治、自然环境景观保护为主题。2002年,政府制定综合性的《适当利用琵琶湖的相关条例》。此后,《依托环境的农业推进条例》(2003年)、《琵琶湖造林条例》(2004年)和《加强环境保护学习相关条例》(2004年)、《故乡和野生动植物的共生条例》(2006年)相继制定实施,从多个方面对琵琶湖生态环境进行保护和修复。2005年,滋贺县琵琶湖环境研究中心成立,其主要工作就是为社会提供最新的研究成果,为社会公民和非营利组织提供科学的技术指导。2007年,政府制订了《第五期湖泊水质保护计划》,对琵琶湖水质进行高标准的保护。①

2. 引导动员社会公众积极参与

琵琶湖水污染治理之所以能够取得良好的效果,社会公众的积极参与是重要原因之一。社会公众不仅参与水污染治理的全部过程,而且发挥作用的方式方法多种多样,在水污染治理中具有不可替代的地位。

社会公众参与水污染治理政策的制定。在琵琶湖水污染治理初期,滋贺县知事就利用多种方式广泛听取民众的意见建议,也征求町长、村长和相邻县、市的意见,然后拟定治理计划,送县议会审议批准,再将审议通过的计划提交日本国土交通省等相关部门。这些部门经过认真协商,就计划达成一致意见后,将计划报送给日本内阁总理大臣。日本内阁总理大臣批准计划后,将其下达滋贺县知事和各有关方面。总体计划确定之后,滋贺县政府还要制定年度实施计划草案,报送日本国土交通省、环境省、农林水产省等相关省

---

① 俞慰刚,杨絮.琵琶湖环境整治对太湖治理的启示[J].华东理工大学学报.社会科学版,2008(1).

长官，同时抄送各有关地方机构，广泛公之于民众，征求和听取各方的意见。在此基础上，政府对计划草案进行修改完善，最终确定年度实施计划。① 在总体计划、年度计划的制订过程中，社会公众都能够充分表达意见，合理的建议会被政府采纳。

社会公众掌握水污染治理的信息。琵琶湖周边社会公众通过政府出版的环境白皮书、环境保护宣传报等载体，及时掌握琵琶湖的生态环境状况、环境保护政策法律、湖泊治理计划。社会公众积极参加网络媒体的交流活动，将网络作为信息交流平台，让更多的公众了解琵琶湖的基础信息和环境保护知识。社会公众主动参加定期召开的环境论坛，就环境保护信息进行交流，对琵琶湖环境治理的认识不断深化。社会公众对琵琶湖水污染形势的认识不断深化，参与治理活动的积极性不断增强，琵琶湖综合治理才能够收到良好效果。

社会公众参加环境保护的科普教育活动。滋贺县政府在琵琶湖旁边建立博物馆，展示琵琶湖的历史沿革、湖生物种的演变情况，介绍古代琵琶湖地区的居民生活情况、琵琶湖航运的发展历程，详细介绍琵琶湖水质变化的情况，宣传治理琵琶湖环境污染的措施。琵琶湖周边社会公众经常到博物馆参观学习，接受科普教育。社会公众还经常到琵琶湖研究所、滋贺县立大学、水环境科学馆等单位，了解生态环境保护情况，学习专业知识。社会公众也与企业团体开展交流，督促企业加大环境保护投入，严格按照法定标准排放废水、废气、废物。社会公众掌握一定的科学知识后，参与琵琶湖污染治理的热情更加高涨，进行污染治理的方法更加科学合理。

社会公众参加流域研究会的活动。滋贺县政府根据琵琶湖流域的具体情况，将其细分成甲贺、草津、八日市等7个小流域，在每个小流域都设立流域研究会，从社会公众中选出一位协调人，负责组织公民、企业单位的代表参与琵琶湖环境保护工作。这些流域研究会主要开展两方面的活动：一是小流域内部上下游地区公众之间

---

① 蒋蕾蕾.日本琵琶湖治理对我国公众参与环境保护的启示［J］.科技创新导报，2009（7）.

的交流，社会公众到不同区域参加环境保护活动，比如植树造林、清除杂草、收拾垃圾、调查水质，甚至品尝对方区域出产的稻米、蔬菜、鱼虾等食物，亲身体验日常生活和湖泊环境保护的密切关系；二是组织公众进行跨流域的踏勘、学习，社会公众参加河流水质、生物的调查研究，寻找河流和湖泊的垃圾，交流流域的环境保护信息。通过流域研究会的这些活动，社会公众不仅熟悉了本地的环境状况，还加深了对相关区域生态环境状况的了解，增加了参加环境保护活动的紧迫感。

社会公众参加环保活动日的活动。每年的7月1日和12月1日，是滋贺县政府确定的环保活动日。每年的5月30日，是政府确定的"无垃圾日"；每年的7月1日，是政府确定的"琵琶湖日"。在这些环境保护活动日，社会公众积极参加多种环保活动，比如参加绿色采购活动，减少垃圾袋的使用，从物品采购阶段就尽量减少垃圾；参加垃圾收集活动，将厨房垃圾集中起来堆肥，然后进行循环使用；参加废弃物收集活动，将各种容器的包装物集中起来，进行分类处理；参加环境卫生清扫活动，保持干净整洁的生活环境。

社会公众从身边小事上保护生态环境。在滋贺县政府的引导下，社会团体、企业、行政机关、教学研究机构等主体都参与环境保护活动，社会上形成了良好的环境保护氛围。在生态环境保护已经成为社会风尚的情况下，社会公众的环境保护意识不断提高，参加环境保护活动的热情日益增强。琵琶湖周边的居民都把保护当地环境作为一种生活习惯，主动从身边的小事做起，做到尽量少污染环境，尽量保护生态环境，主动参加和自觉配合琵琶湖生态环境治理活动。

二、北美五大湖区水污染治理经验

五大湖区位于美国与加拿大交界处，跨越两国，为典型的跨域湖群。五大湖区水污染治理，除了美国与加拿大两国各自的努力，还需要两国协调行动、共同治理，需要跨国合作。跨国保护协议的制定和不断完善、非营利组织的建立和努力工作，在五大湖区水污染治理和生态环境保护中发挥着重要作用。

（一）北美五大湖概况

五大湖（the Great Lakes）位于北美洲中部，在美国与加拿大两国交界处，由 5 个彼此相连的淡水湖泊组成（参见图 6）。习惯上，美国和加拿大将五大湖地区称为"大湖区"。在五大湖周围，分布着美国的 8 个州，即伊利诺伊州、印第安纳州、密歇根州、明尼苏达州、纽约州、俄亥俄州、宾夕法尼亚州和威斯康星州；加拿大的 2 个省，即安大略省和魁北克省。北美五大湖总面积约

图 6 五大湖行政区划图

245660 平方公里，是全世界最大的淡水湖群，所蓄淡水占世界地表淡水总量的 20%。五大湖流域面积约 766100 平方公里，南北宽约 1110 公里，东西长约 1400 公里。五大湖湖水从西流向东，最终流经圣劳伦斯河，注入大西洋。按照自西向东的顺序，五大湖依次是：苏必利尔湖、密执安湖、休伦湖、伊利湖和安大略湖。除密执安湖完全属于美国外，其余 4 个湖泊均为美国和加拿大两国共同所有。除密执安湖和休伦湖的水平面相等外，其余各湖的水面高度依次下降。北美五大湖汇集附近的一些河流和小湖，构成一个独特的水系网。注入五大湖的河流水量很小，湖水主要靠雨雪补给，水位比较稳定，年变化幅度小，只有 30~60 厘米。北美五大湖由于水

域辽阔，水量巨大，被誉为"北美大陆地中海"、"淡水海"。

（二）北美五大湖水污染治理的简要情况

五大湖湖滨平原土地肥沃，流域资源丰富，航运便利，自然景色秀丽多姿，工农业生产集中，城镇密布，在美国、加拿大两国经济发展中都占有重要地位。20世纪60年代以来，美国和加拿大重化工业迅速发展，五大湖区成为北美极为重要的重工业地带。五大湖流域具有丰富的铁矿资源，水运十分便利，极大地促进了美国钢铁工业的发展。在五大湖区南岸和西岸，形成了芝加哥、克利夫兰、底特律、德卢斯、托利多五大钢铁工业中心。20世纪80年代，五大湖地区钢铁公司的产量占北美钢铁总产量的60%。与此同时，五大湖区的汽车工业快速发展，底特律成为举世闻名的汽车城，美国汽车制造商通用汽车、福特汽车以及德美合资的梅赛德斯—克莱斯勒的主要生产基地都集中在这里。这一地区汽车公司的汽车产量同样占北美汽车总产量的60%。[①] 此外，五大湖区还是美国、加拿大两国重要的农业基地和渔业产地。

随着工业企业的大量涌现，汽车的日益普及，化肥、杀虫剂的广泛使用，五大湖区受到严重污染。源源不断的工业废水，大量使用的化肥和有害农药，导致五大湖的水质严重下降，湖水中有害物质逐年增多，湖区生态环境迅速恶化。

自20世纪70年代开始，五大湖环境污染的严重局面开始受到重视。美国、加拿大两国政府签订协议，建立专门机构，共同治理五大湖区生态环境。环保机构、社会公众积极行动，参加生态环境保护活动。一大批政策、项目的出台并实施，一大批组织、公众的关心和爱护，使五大湖区生态环境逐渐改善。经过几十年的努力，到21世纪初期，五大湖区水质明显好转，自然生态环境得到改善，尤其是五大湖基本实现水清鱼肥，五大湖区水污染治理和生态环境保护取得良好效果。

（三）北美五大湖水污染治理的主要经验

五大湖区的水污染治理和生态环境保护，除了需要美国与加拿

---

① 王如君. 北美五大湖自我"洗肺"［N］. 环球时报，2001-10-26.

大两国各自的努力，尤其需要美国、加拿大两国政府的合作，需要周围两国 10 个州省的合作。在共同治理水污染、保护五大湖的过程中，积累了形成共同理念、制定保护协议、成立协调组织、进行技术指导、国家大力支持、社会协力参与等经验，建立健全了一套有效的跨国协调体制。① 其中，政府保护协议的制定和不断完善、非营利组织的建立和努力工作，在五大湖区水污染治理和生态环境保护中起到重要作用，作出了极大贡献。

1. 制定一系列防治水污染的协议

北美五大湖是一个横跨两国的跨域淡水湖群，美国、加拿大任何一方的排污、用水行为，都会给对方带来影响。为了对五大湖水污染进行治理，对水质进行保护，美国和加拿大政府制定了一系列条约、协议，五大湖周围的 10 个州省也制定了协议。随着时间的推移、情况的变化，这些协议又得以及时修改完善，针对性和指导性不断增强，为水污染治理和生态环境保护提供行动依据。

《边界水条约》(The Boundary Waters Treaty)。早在 1909 年 11 月，为了解决五大湖区的水污染问题，美国和加拿大政府就制定了《边界水条约》，规定了防治水污染的原则和机制。该条约规定：在利用五大湖水资源时，加拿大和美国都不得给对方的水资源系统造成危害，防止五大湖区城市对五大湖区的水质产生污染。这是美国和加拿大政府联合制定的第一个水质保护协议，为双方今后进行水质保护方面的协商打下坚实基础。

《五大湖宪章》(Great Lakes Charter)。1985 年，经过谈判和协商，美国方面的成员与加拿大两省的成员签署《五大湖宪章》。该宪章规定，五大湖周边的州、省共同管理五大湖水资源，各州、省确保本地区内保持一定的水位和流量。② 2001 年，五大湖周边的所有 10 个州、省成员签署了该宪章的补充条例，对五大湖区水资源

---

① 陶希东. 美加五大湖地区水质管理体制：经验与启示 [J]. 社会科学，2009 (6).

② 陈辅. 北美五大湖八州两省合作廿载 经济发展与环境保护双轮共进 [N]. 国际金融报，2003-12-15.

管理进行详细规定，涉及水资源保护、水质恢复、水量储存利用以及相关的五大湖生态系统保护，等等。

《大湖水质协议》（*Great Lakes Water Quality Agreement*）。为了有针对性地保护五大湖区的水环境，1972年，美国和加拿大政府签署《大湖水质协议》。该协议规定了两国政府共同保护五大湖区水质的目标，规定了需要两国共同工作的三个方面：一是控制污染，美国和加拿大都要在自有法律框架下完成控制污染的任务，主要是减少磷的排放水平，还要减少使用石油、减少固体废物，控制其他导致水质富营养化的物质。二是开展研究，美国和加拿大都要制订五大湖区研究计划，进行上游湖区污染和污染源治理方面的合作研究。三是加强监督，逐步扩大监督对象，由水污染的监督转向湖区生态系统的监督，以期保护五大湖区的生物安全。1978年，美国和加拿大重新修订《大湖水质协议》，主要目标是统一水质目标、提高流域污染控制、加强水环境检测。1987年，《大湖水质协议》又进行了修订，要求制定五大湖区的污染控制目标和指标体系，解决好面源污染问题，提出新的管理办法。1987年协议的目标是，推动五大湖区实施一体化的生态系统管理。2006年12月，国际联合委员会建议制定新的协议，全盘考虑对五大湖的保护，重点是保护整个流域和生态系统的生物完整性，而且要把人类健康放在首位。[①] 30多年来，根据水污染治理的进程，针对治理中出现的新情况新问题，对《大湖水质协议》已经进行了两次修改完善，新的计划又在讨论之中。这样就使协议更有针对性和可操作性，更有利于水污染治理和生态环境保护。

《五大湖区—圣罗伦斯河盆地可持续水资源协议》。美国和加拿大两国相关地方政府及时制定一些有针对性的协议，保护五大湖水质和生态环境。2006年，加拿大安大略省、魁北克省与美国8个州的代表签署《五大湖区—圣罗伦斯河盆地可持续水资源协议》。该协议规定，禁止美国南部的干旱州大规模地调用五大湖

---

① 美国：研究小组要求制定新的五大湖水资源政策．水信息网，http：//www.hwcc.com.cn，2006-12-11.

区——圣罗伦斯河盆地的水资源。同时，严格保护水资源，以免大规模调水给当地生态环境带来不良影响。① 这就避免了将水资源从淡水湖大量出口到其他地区，保证五大湖区在数十年之后不至于干涸，对保持五大湖流域生态环境系统发挥重要作用。

2. 非营利组织在水污染防治中发挥重要作用

五大湖区跨越美国和加拿大两国国界，治理五大湖区水污染，保护五大湖区生态环境，如果单靠一个国家的努力，单靠政府的努力，收效甚微。在五大湖区水污染治理实践中，美国和加拿大成立了一批相对独立的非营利组织，进行跨域协调，共同推动跨域水污染治理和生态环境保护，取得成功经验。

国际联合委员会（The International Joint Commission）。1909年，美国和加拿大根据《边界水条约》的规定，联合成立跨国的、相对独立的非营利组织——国际联合委员会。国际联合委员会由6个成员组成，其中3个成员来自美国，3个成员来自加拿大。国际联合委员会的主要职能是，站在独立、公正的立场上，对于涉及美国和加拿大利益的水资源问题，进行双方都能够接受的调解，以预防和处理双方之间的矛盾和冲突。国际联合委员会主要开展三项工作：一是行使审批权。比如，审批水资源利用、截留等活动的申请，保证该活动不会对另一方的湖区自然水位和水量造成影响。二是进行调查研究。比如，根据两国政府的意见，对国际联合委员会决议的执行情况进行跟踪研究，有时委托一些专家委员会对决议的执行情况进行监督研究。三是仲裁具体纠纷。对于两国政府间在边界水域产生的矛盾，政府可提请国际联合委员会介入，以获得最终裁决。② 国际联合委员会严格履行职责，保护五大湖区水质，支持政府净化大湖地区水源。

五大湖渔业委员会（The Great Lakes Fishery Commission）。20

---

① 美加签署协议 保护五大湖免于干涸，水信息网，www.hwcc.com.cn，2006-05-26.

② 陶希东. 美加五大湖地区水质管理体制：经验与启示［J］. 社会科学，2009（6）.

世纪50年代，寄生海鳗开始入侵五大湖区，大量吞食湖区的其他鱼类，造成生态平衡问题。1955年，美国和加拿大联合成立五大湖渔业委员会，负责控制寄生海鳗，保护湖区生物多样性。20世纪70年代末期，通过选择化学药品杀死鳗鱼幼苗的办法，鳗鱼数量减少90%，鳗鱼控制取得胜利。此后，五大湖渔业委员会除了继续控制寄生鳗鱼外，还开展恢复和保护五大湖区鱼类工作。

五大湖州长理事会（The Council of Great Lakes Governors）。1983年，美国伊利诺伊州、印第安纳州、密歇根州、明尼苏达州、俄亥俄州和威斯康星州6个州协商，设立五大湖州长理事会。1989年，美国纽约州、宾夕法尼亚州加入该理事会。后来，加拿大的安大略省、魁北克省以准会员身份加入该理事会。五大湖州长理事会是一个非营利组织，其目标是鼓励和促进有利于环境的地区经济增长，主要职责是协调五大湖区10个州、省之间的利益关系，特别是鼓励和促进公共部门和私人部门进行有效合作，共同解决经济与环境之间的现实问题，实现五大湖区经济的可持续增长。

五大湖州长理事会下设多种独立运作的机构。五大湖州长理事会各成员定期或不定期进行会晤，主要形式是论坛交流。① 通过交流协商，最后达到各方沟通信息、相互理解的目的。五大湖州长理事会的工作成效明显，五大湖区的10个州、省在环境保护方面互通信息、协调行动，制定和实施了许多改善环境的项目，此外，各州、省在本地教育、福利改革、贸易以及土地使用管理方面，也注重可持续发展。② 五大湖区各州、省都声称，要努力成为北美保护自然资源和拥有世界级经济可持续发展的先锋。

第三节 国内外湖泊水污染跨域治理的经验启示

我国太湖、巢湖、滇池，日本琵琶湖，美加五大湖，都是著名

---

① 陈辅. 北美五大湖八州两省合作廿载 经济发展与环境保护双轮共进 [N]. 国际金融报，2003-12-15.
② 王如君. 北美五大湖自我"洗肺" [N]. 环球时报，2001-10-26.

的跨域湖泊,都曾经深受水污染的毒害,现在都在为水污染防治进行着不懈努力。由于社会制度、经济社会发展所处阶段不同,我国湖泊水污染治理起步稍晚,经验不多,效果尚不明显,而外国在湖泊水污染防治上起步早,效果比较明显,也积累了一些经验。通过对这些湖泊水污染治理情况的考察,可以梳理治理成功的经验,探讨现实中存在的问题,从而为梁子湖水污染治理提供一些富有实践意义的启示。

一、单纯依靠政府发挥主导作用不足以防治水污染

在湖泊水污染治理中,政府发挥着主导作用。我国太湖、巢湖、滇池水污染治理中,政府采取自上而下的科层制治理方式;日本琵琶湖水污染治理中,政府在出台法律政策、制订治理计划时,更加重视公众参与;美国和加拿大联合治理五大湖区时,政府之间签订的协议和合作的治理发挥了重要作用。但是,单纯依靠政府还不足以解决水污染问题,要借鉴日本、美国、加拿大治理湖泊水污染的经验,发挥企业、非营利组织、社会公众等治理主体的作用,在治理实践中各个治理主体还要建立合作机制,一致行动,协力治理。

(一)政府在湖泊水污染治理中发挥主导作用

由于湖泊水资源既具有经济属性,也具有公共属性,是一种社会公共产品,因此对湖泊水污染的治理,政府义不容辞、责无旁贷。无论是日本治理琵琶湖,美国和加拿大治理北美五大湖,还是中国治理太湖、巢湖、滇池,政府都发挥了主导作用。根据水污染防治的实践,这里所谓的政府,是指广义的政府,既包括行政机关,也包括立法机关、司法机关等公共机关。从太湖、巢湖、滇池治理的情况看,中国政府治理湖泊水污染的主导作用表现得尤为突出。

我国对湖泊水污染的防治,目前采取的策略是政府负责、自上而下、分级落实、共同推进。从总体上看,在湖泊水污染防治方面,政府主要做了以下五项工作。一是制定法律规章。针对日益严重的水污染问题,1996年第八届全国人大常委会对《水污染防治

法》进行了修正,新增加 16 个条款,完善 7 个条款,全法共 7 章 62 条。2008 年 2 月,全国人大常委会对《水污染防治法》再次修改,严格环境准入、淘汰落后产能、全面防治污染、强化综合手段、鼓励公众参与都写入法律条文。《水污染防治法》规定,国家实行水环境保护目标责任制和考核评价制度,将水环境保护目标完成情况作为对地方人民政府及其负责人考核评价的内容。1996 年 6 月,江苏省人大常委会通过了《江苏省太湖水污染防治条例》,2007 年 9 月又对该条例进行了修订。昆明市人大常委会通过了《滇池保护条例》。这些法律法规为治理湖泊水污染提供有力武器,基本做到了有法可依。二是确定环境政策。为了从源头上预防水污染,国家制定了环境影响评价制度和"三同时"制度;为了控制和减少污染物排放,国家出台了排污收费、总量控制、排污许可证等制度。这些水污染防治政策既重视末端治理,也注意源头预防,在湖泊水污染防治中发挥了一定作用。三是编制防治规划。国务院有关部门组织编制了太湖、巢湖、滇池水污染防治规划,规划期一般为 5 年,经国务院同意批复后,由相应省级政府组织实施。省、市政府也根据本地实际,编制了当地水污染防治规划。四是分解任务责任。国务院批复的湖泊水污染防治规划中指出,规划实施的责任主体是地方人民政府。国务院将湖泊水污染防治的目标、任务、项目、资金、责任明确到省级政府,省级政府将其分解到相关部门和市级政府,市级政府将其分解到相关部门和县级政府,县级政府将其分解到相关部门和乡镇级政府,实行层层分解。如浙江省政府制订了《太湖流域水环境综合治理年度工作计划》,杭州、湖州、嘉兴市政府作为实施的责任主体,认真落实年度工作计划确定的目标、任务和要求,制订实施本地区的工作方案和工作计划。五是实施考核评估。国务院批复的湖泊水污染防治规划中指出,各省政府要把规划目标与任务分解落实到市(县)级政府,制定年度实施方案,并纳入地方国民经济和社会发展年度计划,认真组织实施。地方各级政府要实行党政一把手亲自抓、负总责,按期高质量完成规划任务。国家对省级政府水污染防治成效往往按年度、计划中期或终期进行评估与考核,省级政府逐级确定目标责任,逐级评估考核。比如，2007年6月，浙江省要求把杭嘉湖地区水污染防治纳入年度目标责任考核，纳入政府部门目标责任制考核，对达不到目标要求的市、县（市、区）和部门要严肃问责，在考核中实行"一票否决制"。

（二）我国政府自上而下地推进水污染防治工作

在湖泊水污染防治过程中，政府凭借其权威和权力，主要依靠行政手段，采取发号施令的办法，自上而下地推进防治工作。国家环保总局自2005年1月掀起"环评风暴"，连续开展3年；2007年又进一步采取"区域限批"、"流域限批"措施，具有一定威慑作用。下级政府对上级政府的命令快速执行，力求完成任务。比如，2007年7月，江苏吴江市委书记朱民提出，要用"五铁"精神——铁的决心、铁的纪律、铁的手腕、铁血心肠、铁面无私，来做好环境保护工作，确保饮用水水质安全。① "下更大的决心，以更高的标准，用更严的措施"，"铁腕治污，刻不容缓"，长期成为各地治理湖泊水污染的经典口号。

由于湖泊水污染防治涉及多个层级政府，既有中央政府，也有地方政府，不同层级政府的利益会有所不同，上下级政府之间也会出现利益博弈。比如，在湖泊水污染治理的权责划分上，中央政府拥有哪些权力、承担什么责任，地方政府拥有哪些权力、承担什么责任，划分还不十分清楚。又如，长期以来，对地方政府的政绩考核以GDP为核心，主要看经济增长速度和经济发展情况，对生态建设和环境保护的考核重视不够，地方政府因此优先考虑经济发展问题，对国务院制定和颁布的环境政策难以落实到位，对国务院批复的湖泊水污染防治计划往往没有高质量地完成。再如，地方环保部门是地方政府的职能部门，上级环保部门对其工作只有指导权。在发展经济与保护环境发生冲突的时候，地方政府往往要求环保部门从地方利益出发，到上级环保部门做工作，为发展经济而不得不破坏、牺牲环境。承担主要的水污染防治职责的环保部门，不论是

---

① 顾雷鸣，陆峰，李扬等. 全民动员，打赢太湖治理攻坚战［N］. 新华日报，2007-07-09.

数据监测、污染控制,还是建设项目审批,往往要听地方政府的命令。上级环保部门对此无可奈何,因为上级环保部门的监督无法逾越当地政府的权威。在现实生活中经常出现的一种现象是,被国家环保部门责令关闭的企业,当地政府却出面做工作,找出种种理由,要求让企业继续开工生产。

(三)单纯依靠政府治理效果欠佳

大湖泊往往跨越多个行政区划,其水污染防治既涉及区域管理问题,也涉及流域管理问题,区域和流域在管理过程中存在矛盾。目前水污染防治的管理体制是以行政区域管理为主,流域的水污染防治能力十分薄弱。《水污染防治法》规定"县级以上地方人民政府应当采取防治水污染的对策和措施,对本行政区域的水环境质量负责"。虽然强调了水污染防治中流域管理的重要性,但实践中水污染防治主要是以地方行政区域管理为主,流域管理与区域管理处于分割状态。例如,主要污染物减排的约束性指标是按省区分解的,并未分解到各流域。这种污染指标分解的做法,无法有效地将水污染减排与流域环境质量的改善联系起来。对水污染防治负责的省市区对跨域湖泊的治理,出于各自利益考虑,容易相互推卸责任,导致治理效果不佳,出现严重的水污染问题。

但是,湖泊水污染防治涉及多个治理主体,仅仅依靠政府的命令控制型政策和行政手段,不能彻底解决复杂的水污染问题。"九五"时期以来,国家对太湖、巢湖、滇池治理的实践已经证明,政府的主导作用虽然非常重要,但是还不能完全解决问题。在政府发挥主导作用的同时,必须调动企业、非营利组织、社会公众等主体治理水污染的积极性,充分发挥它们的治理作用,形成治理合力,才会取得理想的治理效果。

二、非营利组织是湖泊水污染治理的重要主体

非营利组织由于具有非营利性、公益性等特性,在一些西方国家已经成为最具公信力的机构。在湖泊水污染防治、生态环境保护活动中,非营利组织作为一个重要治理主体,与政府、企业、社会公众一起联合行动,共同工作,取得了明显的治理效果。

（一）西方环保非营利组织发挥重要作用

在西方市场经济发达国家，诞生了各种各样的环保非营利组织，它们以环境保护为己任，从事环境和生态的教育与研究工作，协助政府执行环境政策，监督企业开发环保产品及服务，在保护生态环境中积极发挥作用。

在北美五大湖区水污染治理实践中，美国和加拿大就成立了一批非营利组织，进行跨域协调，共同推动跨域水污染治理和生态环境保护，取得成功经验。国际联合委员会是一个非营利组织，对于涉及两国共同利益的水资源问题，作出双方都能够接受的调解决策。美国和加拿大还联合成立了另一个非营利组织五大湖渔业委员会，负责控制五大湖的寄生海鳗，保护湖区生物多样性。五大湖州长理事会也是一个非营利组织，鼓励和促进10个州、省之间的公共部门和私人部门进行有效合作，共同解决经济与环境之间的现实问题，实现五大湖区经济的可持续增长。五大湖区跨越美国和加拿大两个国家，仅仅依靠某一个国家，湖区治理和保护不会取得效果。正是依靠具有高度公信力的非营利组织，积极协调，凝聚合力，五大湖区的保护和水污染治理才取得显著成效，成为北美保护自然资源和生态环境的成功范例。

日本非营利组织在保护生态环境方面也发挥着重要作用。日本最大的环保非营利组织"日本野生鸟类协会"，有5万多会员。另一个非营利组织"日本世界范围自然基金"协会，会员也有5万人。另外，"日本自然保护协会"会员也有2万人。[1]日本还有5000多个规模较小的环境保护团体，虽然这些团体单个的会员人数少，但是由于它们数量众多，而且大多数在基层开展环保工作，因此为保护生态环境作出了重要贡献。

（二）我国环保非营利组织开始出现

改革开放以来，我国国内出现了一批以保护生态环境、提高公民环境意识为宗旨的非营利组织，成为保护资源环境、防止环境污

---

[1] 黄炳元. 试论环保非政府组织（NGO）在我国的转型变化和未来作用. 杭州志愿者论坛，http：//bbs.hzva.org，2005-11-20.

染和环境破坏的重要力量。大陆首家真正的环保非营利组织"自然之友",全称为中国文化书院绿色文化分院,成立于 1994 年 3 月,挂靠中国文化书院。① "自然之友"以开展群众性环境教育、倡导绿色文明、建立和传播具有中国特色的绿色文化、促进中国的环保事业为宗旨。"自然之友"倡导的核心价值观为:"与大自然为友,尊重自然万物的生命权利;真心实意,身体力行;公民社会的发展与健全是环境保护的重要保证。""自然之友"成立以来,组织了环保演讲、教师培训、"羚羊车"流动环保宣传活动,开展了"绿色希望行动"、制止滥伐长江源头森林、保护滇金丝猴行动、暑期"绿色营"等较具影响力的活动。

在太湖流域水污染防治实践中,也可以看到一些环保非营利组织的身影。浙江省绿色环保志愿者分会,全称为浙江省青年志愿者协会绿色志愿者分会,成立于 2002 年 4 月。② 协会组织了广场义演、环保时装秀、保护青蛙、爱护鸟类等宣传活动,建立宣传小分队和城市公共设施保洁小分队,制作"绿色浙江"网站。目前,协会已发展学校、社区等团体会员 40 多个,个人会员达 1500 人,并与国内外环保非营利组织建立了联系。浙江省良友自行车协会也是一个非营利组织,于 1998 年 5 月成立。该协会开展自行车郊游、环保宣传、污染举报、风光摄影等活动,人数多时有各年龄层的自行车爱好者 200 多人参加。1998 年 10 月,为配合水污染治理"零点行动",该协会组织了"环太湖自行车环保活动"。③ 这些非营利组织面对社会普通公众,开展环境教育、传播环境知识,提高公众环境意识,传播环保理念,产生了一定影响。非营利组织自觉把

---

① 自然之友(Friends of Nature),全称为"中国文化书院·绿色文化分院",会址设在北京,是中国民间环境保护团体。作为中国文化书院的分支机构,于 1994 年 3 月经政府主管部门批准,正式注册成立。百度网,http://baike.baidu.com/view/92769.htm,2011-05-08。

② 浙江第一家环保志愿者协会终于成立.人民网,http://www.people.com.cn,2002-01-15。

③ 徐荣,艾竹轩.无锡大学生单车"环"行太湖[N].江南时报,2006-03-26。

自己的角色定位于"政府的帮忙人"或"合作伙伴",对政府不支持的领域几乎不涉及。他们通常采取与政府合作而非冲突的态度,谋求彼此间的协调关系,期望达成一种默契。

(三) 我国环保非营利组织的作用发挥得不够

非营利组织在水污染防治、生态环境保护中虽然做了一些工作,但是还远远不够,还有巨大发展空间。与国外非营利组织在促进环保事业所做的贡献相比,我国非营利组织的力量还显得太单薄,对政府和社会工作的影响力还亟待提高。从政府方面来看,要大力支持非营利组织发展,为其提供适当的活动平台,让它们在保护生态环境、建设美好家园中大展身手。从非营利组织方面来看,要规范自身行为,提高成员素质,通过坚持不懈地开展环保活动,取得政府的信任,赢得公众的支持,在促进环境保护、改善生活环境中发挥积极作用。

三、公众参与是湖泊水污染治理的重要保障

治理水污染、保护生态环境,责任不能全部推给政府,就算政府愿意大包大揽,实际上也不可能独自包办。在治理污染、保护环境的过程中,社会公众肩负重大责任,应该提高认识,主动参与,积极作为,作出重要贡献。

(一) 日本公众自觉参与水污染治理活动

日本琵琶湖水污染治理中,社会公众都是自觉、有效地参与湖泊水污染治理活动,在日常生活中注意环境保护。在参与政府制定水污染治理政策方面,社会公众通过多种渠道充分表达意见,积极提出合理化建议,自下而上地反映呼声和要求。在获取水污染治理信息方面,社会公众可以查阅政府发布的环境白皮书、公开出版的环境保护宣传报,参加网络媒体的交流活动,参加定期召开的环境论坛,通过多种方式掌握信息,提高认识。在参加环保科普教育活动方面,社会公众可以去博物馆了解琵琶湖的历史沿革、水质变化的情况,也可以去琵琶湖研究所、滋贺县立大学、水环境科学馆等单位,了解生态环境保护情况,学习专业知识,还可以与企业团体开展交流,督促企业加大环境保护投入。在参加流域研究会活动方

面，社会公众可以与多个小流域内部上下游地区的公众进行交流，参加植树造林、清除杂草、收拾垃圾、调查水质等活动，交流环境保护信息。在参加环保活动日活动方面，社会公众可以参加绿色采购活动，减少垃圾袋的使用；参加垃圾收集活动和废弃物收集活动，进行分类处理；参加卫生清扫活动，保持干净整洁的生活环境。在做好身边小事方面，社会公众把保护当地环境作为一种生活习惯，尽量减少环境污染，最大限度地保护生态环境。可以说，琵琶湖周边的居民已经形成了保护生态环境的生活习惯，将防治污染、爱护环境作为自觉追求。

（二）"滇池卫士"张正祥堪称典型

近几年来，我国对保护生态环境进一步重视，提出"让江河湖泊休养生息"的要求，政府对生态环境建设、大江大河污染治理的投入增加，群众的生活水平和素质修养逐渐提高，社会公众对生活环境开始重视，环境保护意识逐渐增强。现在，人们普遍认识到，随着经济快速发展，工业化和城市化水平提高，生态环境和资源保护的压力越来越大，保护生态环境、治理水污染是一件大事。

"滇池卫士"张正祥是一个农民，为保护滇池进行了长达32年的抗争。他充分认识到保护水资源、治理水污染的重要性，把滇池比作母亲，把西山比作父亲，为保护滇池、西山作出了巨大牺牲。张正祥牺牲了家庭。他结婚两次，两任妻子都因为他不顾家庭而离去。他的妻子儿女多次劝说，保护环境不是他一个人的事情，不要沉迷其中，但他根本听不进去，依旧以保护滇池为生活目的。张正祥牺牲了亲情。他一门心思保护滇池，千方百计阻止和举报破坏环境的行为，因此得罪了很多人。他的三个女儿都外出打工，儿子得了精神病，住进了医院。他妻离子散，房子也没有，只得借住在西山上的一间破旧房子里。张正祥牺牲了健康。他被矿老板指使的卡车撞昏过去，几乎丧命，直接导致右眼失明；他被仇人打过，身上伤痕累累。张正祥牺牲了金钱。他原本靠养猪发家致富，家底殷实，自从进行保护滇池的活动以后，先后投入200万元，至今还欠外债20万元。

张正祥对保护滇池的付出是常人难以想象的，收获的是极高的荣誉。他先后获得"中国十大民间环保杰出人物"、"昆明好人"、"感动中国年度人物"、"中国魅力50人"荣誉称号。张正祥获得的荣誉,是社会公众对他的褒扬,是国家对他的肯定。这说明社会需要张正祥,环保事业需要张正祥,生态环境建设需要张正祥。张正祥的行为不乏偏激之处,但其精神值得提倡。中国环保事业需要千千万万个张正祥,需要全体社会公众的积极参与。

(三)环保需要社会公众积极参与

张正祥式的环保人士还不多,环保人士队伍还有待发展壮大。一般社会公众对环境保护问题的认识水平还不高,还没有意识到环境状况与日常生活息息相关;对政府的依赖性还比较强,以为保护环境是政府的事,与自己没有什么关系,对自己应该做、能够做的工作并不清楚;环境保护知识还比较薄弱,多数局限于身边的环境卫生、植树绿化等问题;参与环保的形式还比较少,主要以信访、举报为主;获取环保信息的渠道还不多,多数通过报纸、电视消息获得。

社会公众是湖泊水污染治理的行动主体,公众参与是湖泊水污染治理取得良好效果的重要保障。在组织、发动、引导社会公众积极参加环保活动、治理湖泊水污染方面,目前形势严峻,需要开展大量富有成效的工作。一方面,政府要创造条件,为社会公众参与环保活动提供平台,让公众有更多、更便捷的参与渠道。另一方面,社会公众要提高认识,克服对政府的依赖性和自身的惰性,积极主动地参与环保活动,为保护生态环境、建设幸福美好家园贡献自己的力量。一个湖泊周围生活着成千上万的居民,湖泊流域更是生活着数十万、数百万人口,如果这些人的力量都发挥出来,大家都来治理水污染、保护生态环境,那么破坏生态环境的行为一定会得到有效制止,环境质量一定会逐步改善,水清鱼肥、树绿花红的自然美景就会出现。

四、合作协调机制直接影响湖泊水污染治理效果

在湖泊水污染防治中,政府、企业、非营利组织、社会公众都是治理主体,为了取得良好的治理效果,各个治理主体内部要建立

健全协调机制，各个主体之间也要构建良好的合作关系。从我国湖泊水污染防治的实际情况看，不仅政府、企业、非营利组织、社会公众这些治理主体之间的合作还处于萌芽状态，就是政府这个起着主导作用的治理主体，其内部的合作协调机制都需要切实加强。就政府内部的协调合作情况看，存在政府部门之间协调不够、区域政府之间合作不够、区域政府与流域管理部门之间沟通不够、其他方面合作协调不够的现象。

（一）政府部门之间协调不够

湖泊水污染防治涉及多个政府部门。《水污染防治法》规定，由环境保护主管部门对水污染防治实施统一监督管理，交通主管部门的海事管理机构对船舶污染水域的防治实施监督管理，水行政、国土资源、卫生、建设、农业、渔业等部门以及重要江河、湖泊的流域水资源保护机构，在各自的职责范围内，对有关水污染防治实施监督管理。实际工作中，水污染防治还涉及发改委、旅游等其他政府部门。民间素有"九龙治水"的说法，实际上还不止"九龙"。比如，浙江省成立的太湖流域水环境综合治理领导小组，成员单位除了相关的杭州、湖州、嘉兴市政府，还包括21个省政府的部办委局。这么多政府部门聚在一起，在不同的利益诉求环境下，开展合作并非容易的事情。环保部门与水利部门在水污染防治领域缺乏协作，已经是显而易见的事实。这两个部门之间不仅相互配合不够，甚至经常发生冲突。在湖泊水污染防治工作中，水利部门和环保部门的冲突表现得尤为明显，涉及规划、水质监测、水量调配和跨界污染管理监督、污染物总量控制、水污染纠纷调处等多个方面。对同一流域，环保部门制定水污染防治规划，水利部门制定水资源保护规划，交通部门制定水运规划，渔业部门制定渔业发展规划，这些规划都与水污染防治相关，但有关规定却往往不协调。住建部门与环保部门在排污费、污水处理费上也存在不协调的地方。太湖流域管理机构虽然设置了水资源保护局，接受水利部和环境保护部的双重领导，实行双重管理体制，但事实上是水利部派出机构的性质，环境保护部的领导落不到实处。

（二）区域政府之间合作不够

中华人民共和国成立以后，实行中央集权制，政府间关系主要是纵向的"自上而下"的命令—服从型结构，横向的区域政府之间合作较少。改革开放以来，随着中央政府对地方的"权力下放"，社会主义市场经济体制的确立完善，区域政府之间才逐渐开始进行合作。区域政府之间的合作主要是为了加快区域经济一体化进程，促进区域经济发展，合作内容集中在经济方面，其他方面的合作还比较少。目前，区域政府之间的环境合作才刚刚起步。为治理太湖水污染，环太湖五市政协集聚在一起，建言献策；为对巢湖进行综合治理，合肥、巢湖两市领导举行了会谈，合肥、巢湖、六安、桐城、淮南五市政协展开了讨论。为齐心协力治理水污染，许多地方政府还建立了领导小组，召开了联席会议。但是，这些活动往往只取得了造势效果，还停留在宣传舆论层面，没有形成制度化成果。一些领导小组是临时机构，成员单位之间关系松散，没有约束力。许多论坛、会议召开了，许多领导讲了话，许多专家学者提出了意见建议，可是事情也就到此为止了，好的意见没有被采纳，没有进入操作层面。有的湖泊跨越两个行政区划，两个地方政府出台的环境保护标准不同，出现"各吹各的号、各唱各的调"现象，水污染治理效果因此就大打折扣。

（三）区域政府与流域管理部门之间沟通不够

我国长期实行以行政区划为单位的区域管理，对水资源的流域管理重视不够。直到2002年修订的《水法》才规定，水资源管理实行"流域管理与行政区域管理相结合"的管理体制。目前，水污染防治管理体制是以行政区域管理为主，流域管理的作用有限。已经成立的流域管理机构，还缺乏有效的水污染管理措施。县市级政府水污染防治管理与流域管理机构的要求存在差异，需要协调与合作。在水质检测、信息发布、情况通报等方面，都有开展合作的空间。

（四）其他方面合作协调不够

上级政府与下级政府之间，上级政府职能部门与下级政府之间，同级地方政府之间，都存在合作协调不够的问题。湖泊的上游地区对保护水质的积极性不高，对水污染防治不力，直接给下游地区水污染防治增加压力。如果下游地区能对上游地区给予相应补偿，双方的合作就会更顺畅有效。在市场经济条件下，补偿机制是实现跨行政区合作的重要制度。目前，我国还没有形成有效的跨行政区补偿机制。在水污染预警和应急管理制度方面，有关方面也需要进行沟通合作。

本章小结

本章对国内外湖泊水污染跨域治理的情况进行分析，国内湖泊选择了太湖、巢湖、滇池，国外湖泊选择了日本的琵琶湖、北美五大湖，简要介绍了这些跨域湖泊的基本情况，回顾总结其水污染治理过程，梳理提炼其治理做法，然后总结归纳湖泊水污染跨域治理的经验启示。

为了治理太湖水污染，国务院两次在无锡市召开会议，对太湖水污染应急处置和环境综合治理作出重要部署，国务院常务会议对《太湖流域水环境综合治理总体方案》进行审议，并批复该方案；建立太湖流域水环境综合治理省部际联席会议制度，联席会议下设办公室，负责日常工作，迄今为止，已经召开四次联席会议，推动《太湖流域水环境综合治理总体方案》的实施；江苏、浙江省多次召开太湖水污染治理工作会议，提出明确目标要求，进行安排布置，相关省直部门和市政府积极行动，治理水污染；环太湖5市政协两次相聚于湖州市，为保护和治理太湖建言献策，寻求合作治理；江苏省人大常委会对《太湖水污染防治条例》进行修订，浙江省政府出台《关于进一步加强太湖流域水环境综合治理工作的意见》，国务院出台《太湖管理条例》。为了治理巢湖水污染，安徽省制定并实施《巢湖流域水污染防治条例》，为治理巢湖流域水污染提供法律依据；合肥市确立"治湖先治河，治河先治污"的工作思路，巢湖市编制实施《巢湖市生态市建设规划》，开展水污染治理工作；合肥、巢湖两市领导举行会谈，合肥、巢湖、六安、桐城、淮南五市政协聚会研讨，合肥与六安、巢湖三市开始联合行动。为了治理滇池水污染，云南省、昆明市注重依法治理，制定实施《滇池管理条例》；理顺滇池管理体制，成立滇池管理局；按照"治湖先治水，治水先治河，治河先治污，治污先治人，治人先治官"的思路，建立七大长效机制；注意发挥民间环保人士的作用，"滇池卫士"张正祥引起广泛关注。

日本琵琶湖水污染治理过程中，政府制定和执行了《琵琶湖环境保全对策》、《新琵琶湖环境保全对策》、《关于防止琵琶湖富营养化的相关条例》、《推进生活排水对策的相关条例（蚊虫条例)》等法律、政策，实施了五期湖泊水质保护计划；社会公众参与水污染治理的全部过程，参与水污染治理政策的制定，及时掌握水污染治理的信息，参加环境保护的科普教育活动，参加流域研究会的活动，参加环保活动日的活动，注意从身边小事上保护生态环境。美国与加拿大两国除了各自努力治理五大湖区水污染，还进行跨国合作、共同治理。两国政府联合制定并实施了《边界水条约》、《五大湖宪章》、《大湖水质协议》、《五大湖区—圣罗伦斯河盆地可持续水资源协议》等防治水污染的协议；联合成立了国际联合委员会、五大湖渔业委员会、五大湖州长理事会等相对独立的非营利组织，进行跨域协调，共同推动水污染治理和生态环境保护。

通过对国内外湖泊水污染跨域治理情况的研究，可以得出如下几条经验启示：第一，单纯依靠政府发挥主导作用不足以防治水污染。在湖泊水污染治理中，政府发挥着主导作用。但是，单纯依靠政府不足以解决水污染问题，还要发挥非营利组织、社会公众等治理主体的作用，在治理实践中各个治理主体还要建立合作关系，一致行动，协力治理。第二，非营利组织是湖泊水污染治理的重要主体。在湖泊水污染防治中，非营利组织作为一个重要治理主体，与政府、企业、社会公众一起共同行动，合作工作，取得了明显的治理效果。第三，公众参与是湖泊水污染治理的重要保障。在治理污染、保护环境的过程中，社会公众肩负重大责任，应该主动参与，积极作为，作出重要贡献。第四，合作协调机制直接影响湖泊水污染治理效果。为了取得良好的治理效果，各个治理主体内部要建立健全协调机制，各个主体之间要构建良好的合作关系。

第五章
梁子湖水污染跨域治理的对策建议

治理梁子湖水污染，不是靠单独一个地方政府进行治理就能取得根治效果的，也不是只靠政府进行治理就能彻底解决问题的，进行跨域治理才可能达到预期目的。本章从跨域治理理论的视角，在借鉴国内外湖泊水污染防治经验的基础上，结合梁子湖水污染防治的实际情况，提出梁子湖水污染跨域治理的对策建议。

第一节 树立多元治理理念

防治梁子湖水污染，涉及湖北省政府、四个市级政府和多个县市区政府、乡镇政府，也涉及企业、非营利组织、社会公众等其他治理主体，仅仅依靠某一个地方政府的努力，是无法根本解决问题的。太湖、巢湖、滇池的水污染防治实践也证明，虽然政府下了很大决心、想了很多办法、花了很大气力，投入了大量人力物力财力，但是治理效果并不理想。究其原因，主要是政府还停留在采取自上而下的治理措施上，还没有充分发挥非营利组织、社会公众等其他治理主体的重要作用。日本琵琶湖、北美五大湖水污染治理之所以取得比较好的效果，其重要经验就是除了政府发挥主导作用外，充分调动非营利组织、社会公众等其他治理主体的积极性，形成合作治理的良好局面。这些事实说明，对于跨域公共事务，就要实行跨域治理。在梁子湖水污染防治中，各治理主体首先是地方政府要转变思想观念，树立多元治理理念，与其他治理主体一起，共同开展治理活动。

一、政府是核心治理主体

保护生态环境、防治水污染，处理公共事务、提供社会公共服务，是政府义不容辞的责任。近几年来，为防治梁子湖水污染，湖北省政府和武汉、鄂州、咸宁、黄石四市政府以及相关县市区政府、乡镇政府都做了大量工作，付出了艰苦努力，也取得了初步成效。在梁子湖水污染治理过程中，政府成为核心主体，发挥了主导作用。为了梁子湖水质好转并长期保持，各级政府必须再接再厉，更加努力，在水污染防治中继续发挥主导作用。

（一）制定梁子湖保护条例

云南省治理滇池的一条重要经验，就是制定实施《滇池保护条例》，做到依法保护。他们还根据形势的发展变化，及时对该条例进行修改完善，为解决新情况新问题提供法律依据。最近，该条例修改为《云南省滇池保护条例》，已经公开征求意见，将由昆明市的地方性法规进一步上升为云南省的地方性法规，法律效力大幅提高，将对滇池保护产生更好效果。

借鉴云南省、昆明市保护滇池的经验，对梁子湖水污染防治和水质保护要依法依规进行，做到有法可依，这是重要的长效保护机制。湖北省政府出台的《梁子湖生态环境保护规划（2010—2014年）》已经明确提出："提请省人大以立法的形式，制定并颁布实施《湖北省湖泊保护条例》，制定梁子湖综合管理办法，进一步理顺管理体制、强化管理手段。"

目前，《湖北省湖泊保护条例》（征求意见稿）已经公布，公开向社会各界征求意见。但是，该条例起草主体是省水利厅，但涉水的部门还包括农业、环保、国土资源等诸多部门，这些部门之间要达成统一意见,还有个过程。值得注意的是,各个部门要从保护生态环境、保护湖泊的大局出发,树立跨域治理理念,摒弃部门利益,尽快通过这个条例。

为了更好保护梁子湖、防治水污染,有必要制定《梁子湖保护条例》,通过专门法进行保护。在《湖北省湖泊保护条例》(征求意见稿)处于征求社会公众意见的时候,可以进行《梁子湖保护条例》的起草、论证工作,争取早日出台。《梁子湖保护条例》要对水污染防治提出具体要求,作出详细规定,确保水污染防治取得实效。

(二)编制梁子湖保护行动计划

为了实现梁子湖保护目标,要制定具体的行动计划,将任务进行分解,落实到单位,明确责任人。在梁子湖保护行动计划中,将水污染防治作为重点内容,给予高度重视。既要制订长远的行动计划,比如三年计划、五年计划,也要制订年度计划,做到长计划、短安排。

在梁子湖保护行动计划中,省政府要明确水污染防治的目标、任务、项目、资金、责任,将其分解到相关省直部门和武汉、鄂州、咸宁、黄石市政府,武汉、鄂州、咸宁、黄石市政府将其分解到各自市直部门和县市区政府,县市区政府将其分解到各自县市区直部门和乡镇政府,实行层层分解、级级负责。

梁子湖保护行动计划要提高针对性、可操作性,对具体情况具体分析,明确保护措施。各级政府、各个政府部门的行动计划要做到有的放矢,不求面面俱到,而是存在什么问题就解决什么问题,能够解决什么问题就在规定的时间期限内解决,既不要制订大而空的计划,更不要把计划束之高阁,置之不理。

(三)明确梁子湖水污染防治责任

《水污染防治法》明确规定:"县级以上地方人民政府应当采取防治水污染的对策和措施,对本行政区域的水环境质量负责。"治理梁子湖水污染,是地方各级政府的责任,这是毋庸置疑的。湖北省委、省政府《关于大力加强生态文明建设的意见》明确指出:"全面推行流域水污染治理行政首长负责制,推进小流域综合整治。"因此,地方各级行政首长对梁子湖水污染防治负责。

武汉、鄂州、咸宁、黄石市政府要将梁子湖水污染防治纳入地方国民经济和社会发展年度计划,相关县市区政府也要将其纳入地方国民经济和社会发展年度计划,乡镇政府要将其纳入年度工作计划。对梁子湖水污染防治工作,四市政府及相关县市区、乡镇政府一把手要亲自抓、负总责,保证按期高质量完成任务。

对梁子湖水污染防治和水质保护负有责任的政府部门,如环境保护、水行政、国土资源、卫生、建设、农业、渔业等部门,要依据《水污染防治法》积极开展工作,做好职责范围内的事情,又注意协调配合,共同治理水污染、保护水资源。地方政府要将梁子湖水污染防治任务分解到这些部门,将其纳入部门目标责任制考核内容,让它们切实承担起防治水污染的责任。

对梁子湖水污染进行治理,涉及流域河流的管理,要求流入的河水是达标排放的。为加强对流域河流的管理,可以借鉴无锡、昆明等市的做法,实行"河长制",规定河流所在地政府一把手是"河长",对该河流的水质保护和水污染治理负全责,强化对入湖河道水质达标的责任。"河长"根据当地具体情况,对所负责的河流采取有针对性的治理措施,确保河流水质达标,杜绝或减少污水排放。

(四)考核梁子湖水污染防治情况

上级政府对下级政府水污染防治任务完成情况进行定期考核。完成上级政府确定的任务,是下级政府的职责所在。只要任务分解到位,责任得以明确,就要全力以赴执行,保证完成任务。如果将任务弃之不顾,或者不想方设法完成,就是失职。四市政府对各自的相关县市区政府,县市区政府对各自的相关乡镇政府,要定期考核水污染防治工作。根据工作实际,一般以年度考核为主,一年进行一次,每年都要进行考核。

地方政府对政府部门水污染防治任务完成情况进行定期考核。环境保护、水行政、国土资源、卫生、建设、农业、渔业等部门都承担防治水污染的责任,地方政府对这些部门完成任务的情况要进行定期考核。根据工作实际,一般以年度考核为主,一年进行一次，每年都要考核。对水污染防治实施统一监督管理的环境保护部门，在水污染防治中责任更大、任务更重，根据工作情况，可以进行年中考核，甚至季度考核。

考核要严肃认真，科学务实，结果公开。上级政府对下级政府的考核，地方政府对其政府部门的考核，都要严肃进行，不能走过场，搞形式主义。要对照目标责任、年度计划，逐项检查，逐条核实。考核时既要听汇报，看数据，更要到现场，看实效。考核结果要在一定范围内公开，在同行中形成比学赶超、奋勇争先的良好氛围；逐渐将考核结果向社会公众公开，接受社会监督，形成督促后进、激励先进的氛围，进一步促进水污染防治工作。

在水污染特别严重的地区，对完不成任务的可以实行严厉的"一票否决制"。少数地方水污染还很严重，治理工作成效还不明显，水资源压力还很大。在这些地方，要实行严厉的"一票否决制"。对工作不积极、达不到目标要求的县（市、区）、乡镇和部门，要严肃问责，对其行政一把手实行诫勉谈话、取消评先进的资格，年度考核为不称职；连续3年完不成任务的，行政一把手撤职。

二、治理主体需要多元化

跨域治理理论认为，面对社会公共事务，政府虽然是核心主体，但不是唯一的治理主体，解决复杂的社会公共问题，需要相关治理主体共同发挥作用。日本琵琶湖、北美五大湖水污染治理的实践说明，只有非营利组织、社会公众等多个治理主体都参与治理活动，才能取得良好治理效果。我国多年来治理水污染之所以效果并不理想，重要原因之一就是虽然政府在治理过程中发挥了重要的主导作用，但是其他治理主体的作用发挥得很不够。在梁子湖水污染防治中，政府除了继续发挥作用外，还要重视企业、非营利组织、社会公众等治理主体的作用，将这些主体团结起来，共同进行水污染防治，提供社会公共产品和服务。

（一）企业是水污染防治的必要主体

企业是重要的用水户，是工业污水的主要制造者。保护生态环境、防治水污染,减少甚至杜绝工业污水,是源头治污的重要方面。在水污染防治进程中,企业是重要治理主体,必须承担相应的水污染防治和生态环境保护责任。

对于地方政府来说,企业往往是纳税大户,是财政收入的主要来源。因此,一些地方政府为了追求经济快速发展,追求地方财政收入快速增长,对企业非常重视,给予特殊照顾。尤其在"招商引资"大战中,一些地方政府出台许多优惠政策,吸引外地企业前来投资建厂。有的企业是排污大户,有的存在偷排漏排废水废气废物问题,地方政府却监管不力,对此视而不见,甚至庇护企业。解决这个问题,除了要改革对地方政府的考核指标,坚决放弃"唯GDP论"、"GDP至上论",还要求地方政府提高认识,将企业作为水污染防治的一个主体,让企业在污染治理中发挥应有的作用。

企业除了依法依规做好环境保护工作、做到污水达标排放外,还要主动承担环境保护责任,开展环境保护活动。企业对环保设施、环保技术的投入,短期看是增加了成本、影响了利润,但从长期看,会节约成本、增加利润。符合环保要求的产品才能获得消费者的信赖,重视环保事业的企业才能长久生存发展。

(二) 非营利组织是水污染防治的重要主体

非营利组织凭借非营利性、独立性等优势,具有很高的社会公信力,在解决跨域社会公共事务中起着日益重要的作用。在湖泊水污染防治实践中,环保非营利组织的地位和作用已经有所体现。事实充分证明,非营利组织是水污染防治的一个重要主体。地方政府要认识到非营利组织的治理主体性质,与其携手合作,共同治理水污染。

非营利组织在水污染防治实践中的作用范围,目前主要集中在地方政府势力还没有进入的方面,所做的是"查漏补缺"式的工作。地方政府及其部门不要担心非营利组织会越权行事,喧宾夺主,这种情况目前还不存在。地方政府应该支持非营利组织参与环境保护活动,与非营利组织共同开展水污染防治活动,而不是束缚其手脚,限制其作为。

非营利组织要利用好发展机遇，积极主动与政府及其部门沟通联系，争取业务主管部门的支持帮助，在处理社会公共事务过程中赢得政府的信任、公众的认可。非营利组织要积极参与水污染防治活动，在实践中找准自己的角色定位，多做政府不能做、做不好的事情，弥补政府工作的空白和不足，为水质的改善作出自己独特的贡献。通过自己的努力，让政府实实在在地感受到非营利组织的重要地位，信任并支持非营利组织的活动。

（三）社会公众是水污染防治的当然主体

面对社会公共事务，社会公众具有双重身份，一是政府的管理对象，是被管理者；二是公共事务的参与者、管理者，是治理主体。社会公众现在不仅仅是被管理者，这是当代社会与传统社会的一个重大区别。对这种巨大变化，各级政府及其部门都要高度重视，提高认识，转变观念。

在水污染防治工作中，地方政府不能仅仅将社会公众看做是被管理者，对它们发号施令、指手画脚，认为他们只能服从政府权威，必须按照政府指令行动。事实上，这只是一个方面，虽然是重要的一个方面。另一方面，社会公众是水污染防治的直接受益者，是防治水污染的责任主体。社会公众有的生活在梁子湖周边，对水污染情况了如指掌；有的喝梁子湖的水，对水质变化尤其关心。对梁子湖水污染治理，社会公众责无旁贷，是当然的治理主体。

长期以来，受传统强势政府做法和习惯思维的影响，社会公众对政府形成依赖思想，尤其是在提供公共产品和服务方面，社会公众习惯认为是政府的事情，与自己毫无关系。在现代社会，随着社会公共事务越来越多，政府观念和政府职能逐渐转变，社会公众的传统思维也要适时改变。面对许多与日常生活息息相关的社会公共事务，公众不能站在旁边当看客，一心指望政府为自己服务，而要以主人公的心态和责任感，积极参与公共事务治理，逐渐成为合格的治理主体。

第二节 培育跨域治理新主体

面对日益复杂的跨域社会公共事务，各个治理主体必须联合起来，建立协力伙伴关系，共同促进问题的解决。在这样的情况下，政府必须树立多元治理理念，转变单纯依靠科层制治理的观念，改变单打独斗、唱独角戏的做法，积极与企业、非营利组织、社会公众等治理主体合作，共同开展梁子湖水污染防治工作。实际工作中面临的问题是，企业对自身应承担的环保责任尚不清楚，非营利组织的数量还不多，社会公众还缺乏参与环境保护的能力。作为政府，有责任支持和帮助新的治理主体发展壮大。

一、督促企业履行环保责任

地方政府为了加快经济发展，往往对企业采取优待优惠的政策措施，容易忽视企业理应承担的环保责任。企业将利润最大化放在首位，容易产生短期行为，忽视对环境保护的投入，发生破坏环境的行为。政府要明确企业的环保责任，企业要履行环保责任，成为水污染治理、生态环境保护的主体。

（一）进一步明确企业环保责任

政府要进一步明确企业的环保责任，让企业切实履行责任。地方政府出于自身利益的考虑，经常把发展经济放在首位，把保护环境放在次要位置，走"先污染后治理"、"边污染边治理"的老路，当发展经济与保护环境发生冲突时，不是选择保护环境，而是选择发展经济。有的地方政府得知企业过不了环境影响评价关后，不是要求企业进行整改或者放弃该项目，反而指示环境保护部门去上面做工作，要求对该企业网开一面。"招商引资"大潮中，地方政府对一些污染严重的项目也趋之若鹜，对企业采取庇护溺爱的态度。地方政府的这种态度与做法，使得企业轻视甚至逃脱环保责任。这种现状必须改变，尤其是资源环境压力大的地方，要牢固树立科学发展观，加快转变经济发展方式，宁可牺牲一点经济发展速度，也要提高发展质量，加大环境保护力度，决不能要"污染的GDP"，决不能走"先污染后治理"的老路。

（二）制定企业环保责任标准

企业无论大小，无论存在时间长短，都要承担社会责任，保护环境就是其中的重要内容之一。企业不仅要保证在生产经营环节没有污染环境，所有废弃物都实现达标排放，而且要保证所生产经营的产品符合环保标准，不会对生态环境造成伤害。政府还可以规定，企业对其周边的生态环境保护负有责任，应定期参加政府和非营利组织开展的环保活动，有义务为保护周边环境作出努力。对拒不参加环保活动、不履行环保义务的企业，政府职能部门可以对其进行处罚。

（三）提高企业违法成本

企业生产经营成本中，环境保护成本要占一定比例。企业对环境保护的投入要增加，要接受相关政府部门的检查。对未能达标排放的企业，政府职能部门要责令其限期整改；整改不到位的，要勒令停产甚至关闭。可能发生水污染事故的企业，应当制定有关水污染事故的应急方案，做好应急准备，并定期进行演练。一旦发现企业违法将污水直接排入河流湖泊，政府执法部门要迅速行动、严格执法，对企业进行罚款、处罚，要形成"守法成本低、违法成本高"的社会氛围，让企业不敢违法排污。

二、支持非营利组织发展

政府既是非营利组织的监管者，也是非营利组织的培育者。从现实情况看，政府培育非营利组织的任务更为艰巨。随着政府机构改革和事业单位改革的深入推进，非营利组织的成长空间进一步扩大，发展机会越来越多。地方政府要抓住机遇，转变职能，适当放权，从多方面支持，尤其是在登记审批、资金筹措、参与途径等方面采取有力措施，支持非营利组织健康成长。

（一）从登记审批上支持

目前国家对非营利组织的管理，实行双重管理体制。非营利组织的成立，既需要有业务主管单位，又要去登记机关登记，这种管理体制本身就需要改革。在国家对非营利组织的管理体制还没有改革时，地方政府可以进行一些改革的探索和尝试。承担有水资源保护职责的政府部门，比如环境保护、农业、林业等部门，应该乐于接受非营利组织，成为其业务主管部门。有了业务主管部门，非营利组织就能够到登记机关去登记，成为合法的社会组织。登记机关与业务主管部门要加强沟通协调，在条件比较成熟时积极促成非营利组织，不能相互推卸责任，甚至互相踢皮球，阻碍非营利组织的成立。

（二）从资金筹措上支持

非营利组织筹资困难，是制约其发展壮大的主要原因。环境保护、农业、林业等部门对环保非营利组织要加大支持力度，主动为它们排忧解难。可以在政策允许的范围内，从资金上帮助非营利组织，如为其提供财政补贴，提供一些项目经费，促使它们开展环境保护活动。支持非营利组织合法的筹资行为，财税部门、业务主管部门尽可能提供帮助，给予业务上的指导。

（三）从参与途径上支持

非营利组织参与、开展环境保护活动，需要借助一定的途径，地方政府相关部门应该给予支持。政府部门组织的环保活动，尽可能邀请非营利组织参加，甚至一些业务活动，也可以请非营利组织提供技术支持。地方政府相关部门还可以改革创新，将一些职能移交给非营利组织，发挥其技术力量强、群众基础好的优势，提高管理效率。政府要提供多种活动平台，让环保非营利组织大显身手，发挥其独特作用。非营利组织只有尽力为社会提供更多更高质量的服务，才能获得社会公众的信任和支持，才能逐渐发展成长。

三、提高社会公众治理能力

现在，社会公众对环境保护的重要性都有初步认识，都知道要保护环境，建设美好家园。但是，对如何保护环境、如何参与环境治理，还显得束手无策。政府要从加大宣传力度、组织环保活动、提供环保信息等方面，提高社会公众参与环境保护、治理水污染的能力。

（一）开展环境保护宣传

政府组织开展多种环境保护宣传，提高社会公众的环保参与能力。政府环境保护、文明办等有关部门应该采取多种宣传方式，为社会公众提供丰富多彩、贴近实际、通俗易懂的环境保护知识。宣传的频率需要提高，不仅仅在每年的"6·5"世界环境日搞宣传活动，每个月都要搞一次活动。宣传活动的形式应该多种多样。对于社区公众，可以通过制作横幅标语、开办黑板报专栏、举行趣味环保知识比赛等形式进行。对于农村公众，可以采取表演文艺节目、传唱环保歌曲等更加喜闻乐见、通俗易懂的形式，宣传环境保护知识。此外，还要在报纸、电台、电视台、互联网等传媒上宣传环保知识，比如网页上可以设计环保百科、环保大事馆、环保小贴士等栏目，宣传环保专业知识，培养社会公众的环境保护认知能力。

（二）举办多种环保活动

通过丰富多彩的环境保护活动，为社会公众提供参与环境保护的机会。政府环境保护、农业、林业等有关部门可以针对不同层次的社会公众，组织开展丰富多样的环保活动。比如，开展一些环保追踪活动，让社会公众对身边生态环境的变迁保持长期关注，并反思自己的日常行为。又如，开展水污染举报活动，对污染水环境的行为及时检举揭发，培养社会公众保护环境的习惯。活动的规模可大可小，对于农村居民来说，要结合他们的生产生活实际，让他们乐于参与其中。

（三）搭建信息沟通平台

构建稳定的信息发布和信息沟通系统，让社会公众及时了解环保信息。政府宣传、环境保护等部门应该建立有效的信息沟通机制，如在专门网页、报纸、电视台、电台等媒体上发布国家环保法律法规，及时公布当地环境热点、难点问题，定期公布区域环境质量状况、环保工作开展情况，定期曝光环保违法企业名单、环境违法行为，邀请社会公众参加环境影响评价等。通过多种渠道，让社会公众及时方便地了解掌握环保信息，提高参与环保活动和监督环保违法行为的能力。

第三节 建立伙伴关系

为解决共同面临的社会公共事务和公共问题，治理主体之间应该建立一种新型的伙伴关系，充分发挥各个治理主体的特长和优势，协调一致，共同行动，形成资源共享、责任共担、协力治理的良好局面。伙伴关系是治理主体为处理公共问题、实现共同利益而建立的一种正式、长期和稳定的合作关系。治理主体之间建立伙伴关系，能够增强相互约束力，促进协力合作。在梁子湖水污染跨域治理实践中，地方政府要与企业、非营利组织、社会公众建立伙伴关系，企业、非营利组织、社会公众等非政府治理主体之间也要建立伙伴关系，通过相互合作，既各司其职，发挥各自的独特作用，又密切配合，形成治理的强大合力，以达到预期目的。

一、地方政府之间建立伙伴关系

改革开放以前，我国中央集权特征明显，中央政府给地方政府下达命令和计划，地方政府执行命令、组织实施计划，上下级政府处于命令—服从型权力结构体系。在这种情况下，地方政府之间的关系简单，相互没有多少联系。改革开放以后，中央政府将部分经济社会管理权限下放地方，鼓励地方大力发展经济，改善人民生活。地方政府的利益意识逐渐增强，为了争夺具有稀缺性的政策资源、经济资源、自然资源，地方政府之间关系趋于复杂化，既有合作关系，也有竞争关系，更多体现为相互竞争。随着社会公共事务日益增多，社会公共问题的解决不是一个地方政府能够胜任的，地方政府之间需要合作。水污染防治是典型的社会公共事务，必须依靠地方政府之间建立伙伴关系，包括上下级政府之间、平级政府之间、不相隶属政府之间的伙伴关系，共同治理才能取得实效。

（一）上下级政府之间

由于政府层级不同，决定了不同层级政府的权力大小不同，政府职责范围有区别。总体上看，上级政府都应该给下级政府授予一定权力，分派工作任务，提出目标要求；下级政府都应该听从指挥、服从命令，努力工作、完成任务，保证政令畅通。上下级政府之间的这种命令—服从关系不可改变，也不能改变。但是，除这种关系外，上下级政府之间还应该建立一种新型关系即伙伴关系，尤其是在应对社会公共事务、提供公共产品和公共服务时，伙伴关系能够发挥更好更有效的作用。上下级政府之间建立伙伴关系，以法律为最后底线，强调用情理、情感来深化和巩固合作，寻求治理的最佳效果。

上下级政府之间建立伙伴关系，是对命令—服从关系的补充。命令—服从关系的侧重点在于下级对上级的服从，要求下级无条件地执行命令，不惜一切代价去完成任务；伙伴关系的侧重点在于上级和下级一起努力，共同应对社会问题，提供公共产品和服务。在面对跨域公共问题、解决棘手的社会问题时，上下级政府之间建立伙伴关系，上级对下级的处境更了解，下级对上级的意图更明确，双方信任感大为增强，行动时更易于形成合力，解决问题的效率就会提高。

在梁子湖水污染防治实践中，涉及省级、市级、县级、乡级四级地方政府，存在三种直接上下级关系、三种间接上下级关系。从直接上下级政府关系看，有省级与市级政府、市级与县级政府、县级与乡级政府三个层级的上下级政府关系。从间接上下级政府关系看，有省级与县级政府、省级与乡级政府、市级与乡级政府三个层级的上下级政府关系。无论是直接上下级政府之间，还是间接上下级政府之间，都应该建立伙伴关系，目的是增强相互信任，明确共同目标，凝聚行动合力。省级政府在制定出台梁子湖水污染防治的地方性法规、政策时，要广泛征求并合理吸收相关市级、县级、乡级政府的意见建议；市级、县级、乡级政府根据当地实际，充分表达各自利益诉求，一旦地方性法规、政策出台以后，就要切实贯彻执行。上级政府在给下级政府下达水污染防治任务、确定目标责任制时，要认真听取下级政府的意见，不搞主观武断的强迫命令，不搞自以为是的指手画脚；下级政府在接受上级布置的任务和目标责任制后，就不能置之不理、束之高阁，不能行动迟缓、执行不力，不能出现有令不行、劳而无功的现象。

（二）平级政府之间

由于政府层级不同，平级政府之间合作的领域、范围、力度也会不同。比如，省级政府之间可以就地方性法规、政策进行商讨，出台一致的规定，合作的力度比较大。乡级政府之间的合作更多在操作层面，执行上级的政策和指令，而无权制定地方性法规、政策。

梁子湖水污染防治实践中，涉及三种平级政府关系，即市级政府之间、县级政府之间、乡级政府之间的关系。这三种平级政府之间围绕梁子湖水污染防治这个共同目标，应该建立伙伴关系。目前，市级政府之间的合作已经开始，如举办了三届梁子湖论坛，就梁子湖水污染防治和生态环境保护进行了讨论，交流了工作情况和工作经验，形成了共同治理、共同保护的初步认识。但遗憾的是，梁子湖论坛没有坚持下来，没有做到定期举办；论坛的成果没有进入决策层，没有转化为制度，流于一般性的舆论造势。市级与市级政府之间、县级与县级政府之间建立伙伴关系，涉及梁子湖水质标准的确定、地方招商引资政策的制定、联合执法行动的开展等方面。水质标准不一致，导致武汉市江夏区、鄂州市梁子湖区对梁子湖水污染防治的目标不同，行动的力度大小有区别；地方招商引资政策的不同，导致不能在梁子湖东部落户的污染企业，可以到梁子湖西部去投资建厂，其结果依然是对梁子湖水质造成污染；执法行动不能联合进行，势必削弱执法行动的实际效果，执法不严、违法不究的恶果于是产生。乡级政府之间建立伙伴关系，主要体现在联合开展执法行动、商讨具体治理措施、共同打击违法违规排污行为等方面。这些工作如果乡级政府不联合开展，往往难以取得良好效果。

目前，武汉、鄂州、咸宁、黄石市政府合作已经做了一些工作，相关县市区、乡镇在联合开展执法行动方面也有一些成效，但是与现实需要相比，这些合作还远远不够，还处在浅表层次、初级阶段，还没有发挥出更大的作用。在等级观念强烈的行政生态系统中，平级政府之间由于级别相等，权力相当，更容易建立伙伴关系。在梁子湖水污染防治工作中，地方政府之间建立伙伴关系还要做许多工作，还有很大发展空间。

（三）不相隶属政府之间

不相隶属政府是指两个政府之间既不是上下级关系，也不是平级关系，二者不存在隶属关系。比如，一个省级政府与另一个省的市级政府，一个市级政府与另一个市的县级政府，一个县级政府与另一个县的乡级政府，一个省级政府与另一个省的县级政府、乡级政府，一个市级政府与另一个市的乡级政府，等等，就是不相隶属政府。不相隶属政府的特点是，行政层级相对高的政府无权直接对行政层级相对低的政府下达任务、安排工作，行政层级相对低的政府也无需接受行政层级相对高的政府的指令，不必向其报告工作。

长期以来，不相隶属政府之间不存在合作关系，它们各自在自己的具有隶属关系的行政系统内运行。正是大量跨域公共事务和公共问题的不断出现，才将不相隶属政府联系在一起，共同开展活动，逐渐形成一种伙伴关系。这种不相隶属政府之间建立伙伴关系，通过信息共享、资源互用、联合行动等途径，对共同面临的社会公共事务和公共问题进行跨域治理，从而取得各方都满意的良好效果。

在梁子湖水污染防治实践中，湖泊水污染治理任务重的地方，河流水污染严重的地方，不相隶属政府都可以建立伙伴关系。比如，一个位于河流上游地区的乡级政府和另一个位于河流下游地区的县级政府，面对这条河流的水污染治理或水资源保护，在工作过程中就应该建立伙伴关系。它们可以联合组织开展水污染防治活动，让上下游之间一致行动，形成治污合力；可以相互及时通报水质情况和工作信息，让彼此提前准备、周密安排，做好防范工作；可以及时交流治污工作经验和治理成绩，便于相互增进信任和了解，为化解具体难题、达成补偿协议等奠定感情基础和工作基础。

二、地方政府与企业建立伙伴关系

作为私人部门的企业，面对社会公共事务，需要承担相应社会责任，成为公共事务治理主体。企业既有义务、又有能力提供部分公共产品和公共服务。政府要从多方面引导企业，让企业更好地履行职责，发挥治理主体作用。在梁子湖水污染防治实践中，地方政府要与企业逐渐建立伙伴关系，进行密切合作，共同防治水污染、保护水资源，保护生态环境。地方政府与企业建立伙伴关系主要体现在以下方面：

（一）在树立清洁生产理念方面

清洁生产，是指通过采用先进的工艺技术与设备、使用清洁的能源和原料等多种措施，从源头削减污染，提高资源利用效率，减少或者避免产品在生产、服务和使用过程中产生和排放污染物，减轻或者消除生产活动对人类健康和自然环境的危害。国家对清洁生产十分重视，出台了一系列法律法规。1997年，国家环保局出台了《关于推行清洁生产的若干意见》；1999年，国家经贸委发出了《关于实施清洁生产示范试点的通知》；2002年，《清洁生产促进法》颁布施行；2004年，国家发改委、环保总局联合制定了《清洁生产审核暂行办法》。但是，到目前为止，清洁生产的效果还较为有限，企业清洁生产理念还亟待加强。

实践证明，清洁生产是实现经济和环境协调发展的一项重要措施。改革开放以来，我国经济高速增长，同时资源环境压力显著加大，成为全世界自然资源浪费最严重的国家之一。对生态环境伤害最大的，毫无疑问是工业企业。如果不推行清洁生产，对企业污染行为放任自流，就会严重破坏生态环境，大量耗费自然资源，结果不仅贻害子孙后代，企业发展也会因为资源短缺而严重受阻。对推行清洁生产的重要性和必要性，地方政府和企业都要提高认识，统一思想，不能掉以轻心、麻痹大意。

推行清洁生产的有效手段，是由政府实行清洁生产审核。政府发展改革（经济贸易）行政主管部门会同环境保护行政主管部门，根据实际情况，开展清洁生产审核。审核以企业为主体，按照企业自愿审核与国家强制审核相结合、企业自主审核与外部协助审核相结合的原则，因地制宜、有序开展。在清洁生产审核过程中，政府与企业要建立伙伴关系，相互支持、密切配合，选择并执行能够降低能耗、物耗以及废物产生的方案。

（二）在加强企业管理方面

企业在产品设计、生产阶段，要认真进行调查和诊断，查找可能导致高能耗、高物耗、重污染的环节，分析其原因，提出减少污染的对策。在产品销售、使用环节，要在醒目位置标示该产品是否会对环境造成伤害，如果是有毒有害会污染环境的产品，要提示消费者尽量少用或不用，注明产品正确的使用方法，达到减少对环境污染的目的。

排污企业的生产经营活动要符合国家环境保护的要求，符合行业标准的规定，严格执行达标排放。政府相关职能部门如环境保护部门，要严格执法，定期对企业生产经营活动进行检查，对企业排污情况进行监督。地方政府与企业双方要增加相互信任，建立伙伴关系，共同为防治水污染、保护生态环境作贡献。企业不能弄虚作假，偷排漏排污染物，在政府职能部门前来检查时蒙混过关，欺骗政府和社会公众；政府对企业不能疏于监管，不能有法不依、执法不严、违法不究，更不能充当违法违规排污企业的保护伞。

企业要重视环境保护工作，认真制定并严格执行环境污染事故预案。无论是排污企业，还是一般企业，都要考虑环境污染事故发生的可能性，制定应对事故的工作预案，一旦事故发生就迅速执行，以免对生态环境造成恶劣影响。预案中需要政府相关部门支持帮助的，要提前与这些政府部门沟通，争取工作的主动。政府部门对企业的请求要大力支持，给予配合，帮助企业渡过难关。政府和企业进行密切合作的目的，是为了减少甚至杜绝对生态环境的破坏，将保护环境落实在具体行动中，共同为防治污染、保护环境作出努力。

（二）在环保宣传与活动开展方面

各类企业，尤其是环境污染严重地区的企业，要积极宣传环境保护知识。宣传的地点不限于企业内部，还应该扩大到企业周边的社区、村组；在开展产品推广活动时，也可以宣传环保知识。宣传的形式应该多种多样，可以拉横幅标语，办墙报黑板报，也可以印制并发送小报和刊物，在企业网页上开辟环保宣传专栏，等等。宣传的时间应该一年四季持之以恒，不限于特殊的环境保护日和宣传周。企业通过丰富多彩的宣传活动，充实政府部门的环保宣传，二者在环保知识宣传上形成合力。

政府组织开展的环境保护活动，企业应该积极参加。开展环境保护活动，需要大量人力物力财力。企业或者派出一定员工，或者捐赠一定经费，或者提供活动场地，或者既出人力又捐钱物等方式不一而足，都是参加环保活动的具体表现，都是对政府工作的大力支持。企业与政府在开展环保活动中形成伙伴关系，为改善生态环境作出积极贡献。

三、地方政府与非营利组织建立伙伴关系

非营利组织在应对社会公共事务、提供公共产品和服务中的作用日益重要，作为治理主体已经为政府和社会公众所认可。在水污染防治实践中，非营利组织可以开展政府做不好或不便做的、成本大效益小的工作，弥补政府职能"缺位"产生的不足或空白，发挥"拾遗补缺"的作用；非营利组织又能独立开展多种环保活动，发挥"独当一面"的作用。在梁子湖水污染防治实践中，地方政府应该与非营利组织建立伙伴关系，采取多种多样的形式，进行广泛而深入的合作，共同促进水污染防治、保护生态环境。

（一）非营利组织承接部分政府职能

进一步转变政府职能，加快建设服务型政府，是改革的大趋势。在政府机构改革和职能转变过程中，政府要逐步将部分管理事项移交给非营利组织，发挥非营利组织作用。非营利组织可以承接部分政府职能，与其建立伙伴关系，共同处理社会公共事务。

非营利组织可以承担政府的环保宣传职能。广泛宣传国家保护环境的法律法规、行政规章，宣传地方保护环境的地方性法规、行政规章，宣传国家和地方政府保护环境的方针政策，宣传国家和地方政府治理污染、保护环境的规划计划，宣传地方政府治理污染的年度计划，介绍环境保护的专业知识，介绍外地保护环境的成功做法和先进经验，宣传当地环境保护工作做得好的先进单位和优秀个人，这些环保宣传工作不必都由政府承担，可以交给非营利组织去办。

非营利组织可以代替政府进行清洁生产审核。不同行业的清洁生产审核涉及不同的技术标准，具有较强专业性和技术性，政府职能部门难以完全掌握。对这些专业性强的技术数据，可以交给非营利组织审核，由非营利组织出具审核意见。政府职能部门要做的工作是严格把关，对于不符合技术标准的，坚决不予批准。

非营利组织可以代替政府进行环境影响评价。目前，企业环境影响评价几乎流于形式，由企业、地方政府官员及少数专家完成，变成了封闭的技术评价。企业与地方政府容易达成默契，少数专家对地方具体情况了解不多，难以做到严格把关。这样作出的环境影响评价就会有片面性，很可能对企业周边的环境造成负面影响。环境影响评价可以由非营利组织开展，因其相对超脱的中立身份，较少受到利益方的干扰，便于作出客观公允的评价，分担政府的压力。

（二）地方政府听取非营利组织意见

地方政府在制订水污染防治计划、生态环境保护规划时，应该充分听取非营利组织的意见建议。非营利组织对当地经济社会发展、生态环境保护情况都熟悉，对政府计划的针对性、可操作性有发言权。地方政府制订环保计划时，要认真征求非营利组织的意见，吸收其合理建议，提高计划的实效。非营利组织对地方政府的计划要仔细研究，结合实际情况，提出独到的建议，供政府决策时参考。

在考核下级政府和政府部门环境保护任务完成情况时，应该征求非营利组织的意见。地方政府及其部门任务完成的进度如何、效果如何，还存在哪些问题和困难，哪些是客观因素造成的困难，哪些是主观努力不够导致的问题，这些情况非营利组织是清楚的。对下级政府和政府部门环境保护目标责任制进行考核时，要征求非营利组织的意见，让非营利组织参与考核。这样既可以督促下级政府和政府部门的工作，也为非营利组织发挥作用提供了机会。

对企业的污染防治情况进行监管时，政府部门应该征求非营利组织的意见。企业是否严格执行排污标准，是否存在污染偷排漏排行为，是否为应付检查时才启用环保设施，当地非营利组织对这些情况是熟悉的。政府职能部门到企业检查污染防治情况时，邀请非营利组织参加，听取其情况介绍，有利于掌握真实情况。如果仅仅只听取企业的工作汇报，看看企业的宣传材料和环保设施，事实真相就可能被隐瞒，监管的效果就要打折扣。

（三）地方政府与非营利组织合作开展环保活动

合作开展环境保护宣传活动。每当"世界环境日"、"世界水日"、"世界动物日"等重要环保宣传日到来之时，政府部门往往会组织开展一些宣传活动。环保宣传活动实际上不必由政府独自举办，完全可以与非营利组织合作，共同开展活动。非营利组织可以作为主办单位之一，或者作为承办单位，负责具体宣传事务。合作开展环保宣传活动，对政府来说可以减轻工作压力，促进政府职能转变；对非营利组织来说可以发挥自身优势，有利于扩大影响力。

合作开展群众性环境保护活动。政府部门根据上级要求，或者出于工作需要，会不定期组织开展群众性环境保护活动。这些活动由于参加人数多、组织环节多，政府部门要消耗大量时间、资金，才可能达到预期目的。组织开展大规模的群众性环境保护活动时，政府应该将非营利组织吸收进来，在谋划组织环节时使其承担部分任务、分担部分责任，在开展实施环节使其参与活动、展示特长。政府与非营利组织建立伙伴关系，共同组织开展群众性环境保护活动，政府部门可以履行行政职能，非营利组织可以扩大社会影响，社会公众可以收获环保知识，从而产生"多赢"的可喜局面。

合作开展环境质量测评活动。政府部门单独进行环境质量测评，其客观性、公正性可能受到来自地方政府、相关企业的影响，结论往往让社会公众难以接受，其可信度不高。政府部门应该与非营利组织合作，利用非营利组织专业知识丰富、技术手段过硬的优势，共同开展水质测量、空气质量测量等专业性强的测评活动。联合测评的结论，相较而言，具有较高的客观性、公正性、可信度，容易为社会公众所认可和接受。这样政府权威性得以增强，非营利组织能力得以提高，环境质量测评活动效率得以提升，合作达到预期目的。

四、地方政府与社会公众建立伙伴关系

受传统思想观念和强势政府力量的影响，社会公众可能习惯于作为"被管理者"、"被组织者"，而不习惯于作为社会公共事务的"治理主体"。社会公众由单一的"被管理者"身份，转变为既是"被管理者"又是"治理主体"的双重身份，需要一个长期过程。政府可以采取多种措施，帮助社会公众实现这种身份转变。在梁子湖水污染防治实践中，地方政府要与社会公众合作，引导他们发挥治理主体的作用，共同治理水污染、保护生态环境。

（一）政府征求社会公众意见

生态环境良好，社会公众直接受益；环境资源被破坏，生活在附近的公众利益直接受损。当地生态环境情况如何，水质、空气质量有什么变化，附近有哪些污染源，社会公众最清楚、最有发言权。加强环境保护、治理环境污染，如果政府多征求社会公众的意见，出台政策、制订计划就更有针对性，开展活动、治理污染就更有时效性，治理环境污染的效率就会大大提高。

制定并执行环保政策、计划时，征求社会公众意见。政府拟出台的环保政策、计划是否科学合理，是否针对当地实际，是否具有操作性，是否能够取得实效，都应该听取社会公众的意见。对社会公众所提意见建议，政府部门要认真研究，慎重对待，其中合理的意见建议要及时采纳。社会公众在政府征求意见时，要严肃认真，反映真实情况，尽量提出合理化建议，做到知无不言、言无不尽。

开展环保活动时，征求社会公众意见。什么时候开展环保活动，用什么方式开展活动，活动的主要内容是什么，政府要征求社会公众意见。农村和城市情况不一样，年轻人和老年人知识水平不一样，开展环保活动要考虑参与者的具体情况。先征求社会公众的意见，才能提高活动的针对性，保证活动取得良好效果。

考核下级政府和政府部门任务完成情况时，征求社会公众意见。政府及其部门对环保工作是否重视，措施是否有力，成效是否明显，不能完全由政府及其部门自己说了算，还要听听社会公众的意见。政府征求社会公众的意见，是一个双向互动过程。政府可以

了解社会公众的心声,掌握其所盼所愿所急;社会公众可以了解政府的意图,理解政府行为,为政府出谋划策。

(二) 合作开展环境保护活动

环境保护活动要想取得成功,首先是活动组织环节要成功,制订周密计划,考虑参与者实际情况;其次是活动实施环节要成功,参与者态度积极,各方面互相配合;最后是活动效果评估环节要成功,活动组织者、参与者对活动是否满意,有什么改进之处,要进行评估。政府作为活动组织者,社会公众作为活动参与者,双方密切配合,合作行动,才能使环境保护活动取得良好效果。

政府在组织环保活动时,只要涉及社会公众,就要征求意见。政府将准备开展的活动的时间、活动的形式、活动的内容,提前向社会公众公布,广泛听取公众意见建议。有时活动的时间不能变更,就要考虑活动的形式、内容;有时活动的内容不能更改,就要考虑活动的时间、形式;有时活动的形式不能变更,就要考虑活动的时间、内容。总之,政府组织环保活动,要根据社会公众的实际情况,在最合适的时间、采取最恰当的形式、宣传公众最需要的知识,活动才可能成功。

政府根据公众意见确定的环保活动,在实施环节需要社会公众积极参与,全力以赴地投入。如果在活动组织环节已经根据大多数公众的意见,对活动方案进行修改完善,那么活动就会受到公众欢迎。公众参加这样的环保活动,就会既有积极性又有创造性,在活动中既受教育又充满成就感。

环保活动结束后,组织者要及时对活动效果进行评估。邀请活动参与者对活动效果发表意见,畅谈活动体会,或者向参与者发放问卷调查表,了解活动的实际效果。参加活动的公众要配合组织者,反映真实情况,表达愿望诉求,以便将来改进活动方式方法,使环保活动取得更好效果。活动组织者与参与者积极合作,沟通协调,共同努力,就能改变目前一些环保活动存在的"走过场"、"一阵风"的现象,达到组织者满意、参与者受益、活动见实效的目的,活动效率也能得到切实提高。

(三) 社会公众对环境质量进行监督

随着环保宣传教育活动的深入开展,社会公众的环保意识逐渐增强。公众对自己身边的环境质量越来越关心,对破坏生态环境的行为越来越反感。政府要采取适当方式,进一步激发公众关注环境质量的热情,调动公众保护生态环境的主动性和积极性,形成人人关心环境、人人爱护环境的社会氛围。

鼓励社会公众关注身边的环境状况。在报纸、电台、电视台等新闻媒体上开辟环保专栏,刊登、播报公众对身边环境状况的感受,对环境质量改善的进行表扬,对环境质量下降的提出批评。政府环境保护部门建立公共环境保护网站,设置专门栏目,刊登公众对环境状况的反应;开展网上交流活动,社会公众就身边环境问题进行交流,探讨防治污染、保护环境的有效办法。

鼓励社会公众对破坏环境的违法违规行为进行检举揭发。政府环境保护部门设立热线电话,接受社会公众关于环境保护问题的投诉,对情况严重的迅速作出处理。社会公众对环境违法违规行为的检举揭发受政府保护,打击报复举报者的行为将受严惩。对举报重大违法违规行为的举报人,政府给予物质奖励和精神奖励,大力宣传他们的先进事迹。

五、非政府治理主体之间建立伙伴关系

为了共同应对社会公共事务、解决跨域公共问题,既需要多个治理主体共同发挥作用,还需要治理主体之间建立伙伴关系。不仅政府与企业、非营利组织、社会公众等治理主体之间要建立伙伴关系,而且企业、非营利组织、社会公众等非政府治理主体之间也要相互建立伙伴关系。在梁子湖水污染防治实践中,企业、非营利组织、社会公众等治理主体之间相互建立伙伴关系十分必要,只有所有治理主体合作行动,形成合力,才能取得良好治理效果。

(一) 企业与非营利组织建立伙伴关系

企业属于私人部门,非营利组织属于第三部门,各有其活动边界和特点。像强调公共部门与私人部门的区别一样,传统公共管理强调私人部门与第三部门的区别。但是在现代社会,面对社会公共

事务和公共问题，企业和非营利组织都是治理主体。它们需要解决相同的问题，为了提高治理效率，必须建立伙伴关系。

企业需要防治污染、增加环保设施，非营利组织可以提供技术指导。环保非营利组织拥有一批专业人士，具有防治污染的技术优势。企业除了接受政府职能部门的指导，还可以接受环保非营利组织的技术指导，听取其意见建议，将污染防治工作做得更好。

非营利组织开展活动需要经费，企业可以捐款捐物或者花钱买服务。企业对非营利组织提供的技术服务，应该付报酬。非营利组织开展环保活动时，企业可以捐款捐物，给予经济和物资支持。非营利组织要保证为企业提供高质量的服务，保证将企业捐赠的钱物完全用于环保公益事业。

（二）非营利组织与社会公众建立伙伴关系

非营利组织的成长壮大，离不开社会公众的信任支持。如果社会公众对环保非营利组织开展的活动不感兴趣，对其参与检测的环境质量数据持怀疑态度，环保非营利组织就难以发展。环保非营利组织要靠实实在在的工作，保障和增加社会公众的利益，赢得公众的信任和支持。

社会公众保护环境的具体行动，需要非营利组织的悉心指导。社会公众对于如何保护环境，如何减少水污染、土壤污染和空气污染，如何过上低碳生活，技术、政策、法律法规上掌握还不够，需要环保非营利组织的指导。环保非营利组织要抓住机遇，利用与公众距离近、情况熟的优势，开展丰富多彩的活动，为公众提供技术服务。

在污染治理、环境保护实践中，非营利组织和社会公众的能力都亟待提高。双方建立伙伴关系，在多种环保活动中相互支持，协调行动，就会增进感情、增加信任、提升能力，为防治污染、保护环境作出更大贡献。

（三）企业与社会公众建立伙伴关系

环境污染严重的地方，企业和社会公众的关系往往比较紧张。公众认为企业制造了污染，破坏生态环境，影响生活质量；企业认为自己为地方经济发展作出了贡献，理应获得公众的支持和重视。

这是企业与社会公众没有自觉成为污染治理主体、双方没有建立伙伴关系时出现的普遍现象。双方建立伙伴关系，共同治理污染、保护环境，过去的紧张局面将不复存在。

企业帮助社会公众改善生活环境。企业认识到，作为治理主体应该承担治理污染、保护环境的义务，并采取措施增加环保投入，购置或更新环保设施，改进生产工艺，减少污染排放。企业邀请周边的公众来厂区参观，向公众介绍企业重视环保的理念和工作计划，展示企业环保设施的配置和运行情况，增进公众对企业的了解和信任。同时，积极参加环保活动，为企业周边的公众开展环保活动提供资金、场地，提供信息服务。企业通过切实改善工作生活环境的活动，争取公众的理解和支持。

社会公众支持企业做大做强。社会公众看到企业依法依规开展生产经营活动，不存在污染物偷排漏排行为，对环保活动也积极参加大力支持，就会增加对企业的信任感。公众在信任企业的基础上，会支持企业做大做强，期望企业发展得更好。企业强大了，竞争力和实力增强了，就有能力更好地开展环保活动，加大对污染治理的投入，环境质量改善才有保障。企业与公众的关系比较融洽，在污染治理、环境保护中的作用就能更好地发挥，利益就能显著增加。

第四节 综合运用多种治理工具

跨域治理面临的是复杂难解的公共事务和公共问题，仅仅运用传统治理工具不能产生良好效果，需要创新治理工具，并且综合运用多种治理工具，才能提高治理效率。所谓治理工具，就是实现治理目标的手段或方法。根据跨域治理理论的内涵，结合国内外湖泊水污染防治的实际，本书认为跨域治理有四种工具，即法律规章、公共政策、行业规范、对话协商。在梁子湖水污染防治实践中，综合运用这四种治理工具，才可能高效率地达到治理污染、保护环境的预期目的。

一、颁布实施法律规章

众所周知,法律是维护社会秩序的基本工具。无论是政治领域、经济领域,还是文化领域、社会领域,都需要法律规范各种关系、调节社会利益。本书所称"法律",是指广义的法律,包括法律、行政法规、部门规章和规范性文件,有时统称为"法律规章"。社会生活须臾不可离开法律,法律在社会生活中无处不在。在传统社会中法律具有不可替代的地位,在建设法治社会的今天,法律的地位和作用显得愈加重要。

(一) 法律规章是根本性治理工具

我国封建社会历史悠久,官本位意识浓厚,现代意义的法律体系还不完备。中华人民共和国成立以来,国家对法律建设高度重视,尤其是改革开放以来,提出了建设社会主义法治国家的宏伟目标,法律制度建设取得前所未有的成就。在法治社会,要求以法律为管理国家事务、治理社会公共事务的最高权威。法治以法律的规范性、强制性为特点,通过立法和法律实践等活动,调整社会关系,平衡社会利益。当代社会,法治是各项社会事业的基础,是社会安定团结的保障。跨域治理面临的跨域社会公共事务,涉及众多区域、部门、领域,涉及众多治理主体,必须依靠法律规章的权威性、强制性,调节方方面面的利益,协调各种各样的关系。法律规章是跨域治理的工具,而且是根本性工具,是解决错综复杂的社会公共事务和公共问题的根本依据。如果没有明确的法律规章,处于无法可依的困境,跨域治理工作就难于开展。

在跨域水污染防治、生态环境保护实践中,法律规章的工具作用已经得到反复证明。日本琵琶湖治理实践中,除了广泛使用《公害对策基本法》、《水质污浊防止法》、《湖泊水质保护特别实施法》等法律外,滋贺县政府还颁布实施了《关于防止琵琶湖富营养化的相关条例》、《推进生活排水对策的相关条例(赵虫条例)》。这些法律规章的制定实施,发挥了不可替代的重要作用,为琵琶湖治理提供了有力保障。

我国云南省滇池治理实践中，法律规章的工具作用也为同行所津津乐道。为了加强对滇池的治理和保护，昆明市人大常委会于1988年2月通过了《滇池保护条例》，后来又于2002年1月对其进行修订。《滇池保护条例》就滇池管理机构和职责、滇池水体保护、滇池盆地区保护、水源涵养区保护、综合治理和合理开发利用、奖励和处罚等内容作出具体规定，为保护滇池提供法律依据。根据形势发展变化，2007年7月，云南省人大常委会开始制定《云南省滇池保护条例》，将现行《滇池保护条例》上升为省级地方性法规，重点解决保护滇池资源、防治污染、改善生态环境等方面的问题，增加规定省级有关部门的责任和保护资金来源渠道，统一保护行动，动员全社会力量参与滇池保护。目前，《云南省滇池保护条例（草案）》已经在公开征求意见。环保工作者普遍认为，《滇池保护条例》在治理滇池污染、保护滇池环境的实践中真正发挥了法律规章应有的作用。

（二）科学制定环境保护法律规章

环境保护是我国的一项基本国策。国家对环境保护法制建设十分重视，通过长期不懈的努力，环境保护法制建设取得明显成效，法律体系基本形成。目前，环境保护法律有《环境保护法》、《水污染防治法》、《大气污染防治法》、《环境噪声污染防治法》、《固体废物污染环境防治法》、《海洋环境保护法》、《放射性污染防治法》、《环境影响评价法》、《清洁生产促进法》等9部法律，环境保护行政法规、规章有《水污染防治法实施细则》、《建设项目环境保护管理条例》、《排污费征收使用管理条例》、《危险废物经营许可证管理办法》、《环境保护行政处罚办法》等，各地还出台了许多环境保护地方性法规、规章。截至2006年12月，国家已经制定了9部环境保护法律、15部自然资源法律，制定颁布环境保护行政法规50余项，部门规章和规范性文件近200件，军队环保法规和规章10余件，国家环境标准800多项，批准和签署多边国际环境条约51项，各地方人大和政府制定的地方性环境法规和地方政府规章共1600余项。① 从立法层面看，环境保护法律规章比较健全，初步形成适应环保事业需要的法律体系。

国家为了填补一些领域的法律空白，加快立法速度，取得显著成绩，但是立法质量问题开始显现。有的环境保护法律的规定还不明确，造成执法中存在分歧。比如《中华人民共和国水污染防治法》第8条中明确了水污染防治的管理体制，即"县级以上人民政府环境保护主管部门对水污染防治实施统一监督管理。交通主管部门的海事管理机构对船舶污染水域的防治实施监督管理。县级以上人民政府水行政、国土资源、卫生、建设、农业、渔业等部门以及重要江河、湖泊的流域水资源保护机构，在各自的职责范围内，对有关水污染防治实施监督管理"。这个管理体制，包含三层含义：第一，环保部门负责水污染防治的"统一监督管理"；第二，对于船舶污染的防治由交通海事部门"实施监督管理"；第三，其他有关部门"在各自的职责范围内"对水污染防治实施监督管理。在具体管理和监督上存在的问题是，其他有关部门各自的职责范围是什么？是怎样划定的？法律没有进一步规定。另外，统一监督管理与各项监督管理的关系是什么？关于"监督管理"的含义，是对管理的监督，还是既管理又监督？对此人们也存在着不同的理解。② 有些执法过程中存在的问题，与法律规定不够明确、清晰有关。

行政立法过程中也暴露出一些值得注意的问题。有的行政立法十分重视保障甚至扩大政府部门的权力，对行为相对人的权益重视不够；有的行政部门为了强化自身利益，对其他部门的权力考虑不够，造成行政规章之间协调不力，相互矛盾甚至冲突。比如，由水利部起草的《太湖管理条例（送审稿）》已经4次公开征求意见。江苏省人大提出建议，立法一定要摒弃部门利益，明确防治污染目

---

① 顾瑞珍，王丽．我国环境保护环保政策法规仍存在四大"软肋"．新华网，http：//www.xinhuanet.com，2006-12-13．

② 翟勇．对修改后水污染防治法结构及主要内容的理解．中国人大网，http：//www.npc.gov.cn，2009-09-27．

的。同时，应该把江苏省这几年"依法治太"的成功经验收入这部条例中。① 这些现象需要引起重视。如果行政规章制定不科学合理，与其他行政规章发生矛盾，甚至与国家法律存在冲突，就会破坏国家法律的统一，削弱法律的权威和尊严。

《湖北省湖泊保护条例（征求意见稿）》由省水利厅起草，现正在公开征求意见。将来，省人大常委会还可能制定《梁子湖保护条例》。在这些地方性法规制定过程中，都要从严要求，摒弃部门不合理的利益诉求，严格把关，保证其合法性增强其稳定性，坚决走出"利益部门化、部门权力化、权力法律化、法律部门化"的循环怪圈，保证法规的质量。

（三）严格执行环境保护法律规章

法律规章的制定出台，仅仅是解决了"有法可依"的问题。孟子云："徒善不足以为政，徒法不能以自行。"要建设法治社会，不能只做到"有法可依"，还要做到"有法必依、执法必严、违法必究"。法律规章的生命力在于实施、在于执法，如果执法环节存在问题，法律规章就难以发挥应有的作用。目前，国家法律体系基本建立，环境保护法律规章也比较健全，执法方面的问题显得比较突出。社会上存在司法腐败、执法犯法、以权代法、以权压法，以钱买法、以钱戏法的现象，严重损害了法律的权威。法律规章的实施，关键在于做到"法律面前，人人平等"。实施法律规章要公开、公平、公正，做到法大于权、法大于情、法大于钱、法大于人，法外无法，实行法治而不是人治。

建设法治政府的基本要求就是，政府及其部门必须在法律规定的职权范围内活动。现实社会生活中，有的政府部门为了自身利益，越权行政，侵害行为相对人的合法权益；有的政府部门越俎代庖，侵害其他部门的行政权力；有的希望其他部门严格按照法律办事，自己却不想依法办事。如此行为都与建设法治政府的要求不符，与社会公众的期望不符，必须切实加以改正。

---

① 郄建荣. 太湖管理条例送审稿被指治污目的不明 立法防治湖泊污染应摒弃部门利益［N］. 法制日报，2011-07-21.

为了加强对梁子湖的水质和生态环境保护，省政府批准省梁子湖管理局开展八大行业的相对集中行政处罚权，目前仅仅只在渔政、船检、环境保护等工作方面得以开展。执法行动中，省梁子湖管理局就面临来自其他部门的阻力。有的部门认为，行政处罚权划归到省梁子湖管理局，是夺了他们的权，抢了他们的饭碗。为了保护梁子湖，相关部门要统一思想，提高认识，协力合作，严格执法，保证法律规章发挥作用。

二、严格执行公共政策

在研究公共政策时，必然涉及作为政策主体的政府。关于"政府"，一般有"广义政府"和"狭义政府"两种理解。"广义政府"是指包括立法、行政、司法等机构和部门在内的政府；"狭义政府"是指只包括掌握行政权力的机构和部门的政府。与其相对应，公共政策也有广、狭义之分。狭义的公共政策是指政府等决策部门对公众利益进行分配和对公众行为进行规制所采取的措施。广义的公共政策是指政府及立法机构制定的对公众利益进行分配和对公众行为进行规制的法律、法规、规章和制度等。[①] 鉴于法律规章的特殊地位和作用，上一节已经进行专门探讨，指出法律规章是跨域治理的根本性治理工具。在这里，公共政策指的是狭义的公共政策，其政策主体仅限于国家行政部门即政府部门，主要包括政府规划、计划、方案、指示、项目等形式。

（一）公共政策是常规性治理工具

在解决跨域社会公共事务和公共问题时，虽然需要多个治理主体协调配合，共同努力，但是政府以其掌握资源众多、执行命令迅速等优势，始终发挥着主导作用。政府解决跨域难题、提供公共产品和服务的一个重要途径，就是制定并实行公共政策。公共政策凭借合法性、稳定性、多样性、公平性等基本特征，在跨域治理中广泛运用，成为跨域治理的常规性治理工具。

公共政策是现代政府履行法定职能、进行公共管理的最主要

---

① 杨俊．公共政策决策的系统分析方法［J］．领导科学，2007（8）．

的、也是最重要的工具和方式。政府机构就是规划、制定、执行和评估公共政策的机构；政府公职人员就是公共政策的规划者、分析者、制定者、执行者和评估者。在全能型政府理念影响下，政府将全社会的所有公共事务都包揽下来，政府管理的范围广，政府机构多、人员多、职能多，公共政策成为重要的控制手段。政府对公共政策的使用具有丰富经验，能够使其发挥出应有效用。在现代政府转型时期，政府仍然需要大量运用公共政策，实现对跨域社会公共事务的管理。

公共政策作为治理工具的作用，已经在湖泊水污染防治实践中得到检验。日本琵琶湖治理中，滋贺县政府根据琵琶湖水污染治理中出现的新情况新问题，不断出台新的政策，先后实行了《琵琶湖环境保全对策》、《新琵琶湖环境保全对策》、《琵琶湖综合保护整治计划（21世纪母亲河计划）》、第一期到第五期湖泊水质保护计划，通过这些政策来指导水污染治理。我国太湖、巢湖、滇池、梁子湖等湖泊水污染治理中，五年工作规划、年度工作计划、项目计划等公共政策的实施，是治理污染取得初步成效的重要因素。

（二）公共政策要增强合法性

地方公共政策实践中，存在一个不容忽视的政策合法性问题。一般而言，公共政策的合法性问题可以从两个层次来理解，一是政治系统统治的正当性，二是政策本身具有的合法性。在这里，公共政策合法性专指政策本身具有合法性，即政策要符合法律规章的规定，不能与其发生矛盾冲突。地方公共政策是为解决某些地方公共问题而制定和实施的，内容相对比较微观，政策自由度和灵活性都比较高，容易出现违法违规现象。

有的地方政府在制定环保政策时，过分强调地方的特殊情况，置国家法律规章的明确规定于不顾，放宽环境限制要求，存在不合法现象。尤其是招商引资时，有的地方政府出台"土政策"，对环境保护要求不高，对环境影响评估把关不严，想方设法将一些污染严重、对环境造成严重破坏的企业引进来。这样的企业建成投产以后，虽然解决了一些就业问题，创造了一些产值，为地方政府带来了一些税费收入，但是对生态环境的破坏相当严重。将来要治理污染、恢复生态环境，付出的代价要大得多。算起总账来，地方政府可谓得不偿失。

公共政策的合法性是对政府行为的约束。强调公共政策要增强合法性，就是要求地方政府的一切行为都要合法，地方政府的公共管理和服务必须服从宪法和各项法律规章，做到依法行政。地方政府在制定出台公共政策时，要遵守法律规章，合法地追求地方利益，摒弃不合法的地方利益。地方政府要及时对地方公共政策进行审查，对不合法的政策立即修改或者迅速废止，以免造成更大破坏。

（三）公共政策要有稳定性

地方公共政策的制定主体较多，制定程序相对简便，制定效率相对较高，具有灵活性的特点。地方公共政策大多针对某些经济社会问题，具有很强的地域性特点。地方环保政策也是如此，与法律规章相比，能够更加具体、及时、有效地应对环境问题，在污染防治、环境保护方面能够发挥积极作用。与灵活性、地域性相伴随的是，地方公共政策的稳定性比较差、时效性比较强，有些政策在一项任务完成之后就取消，严重的甚至出现朝令夕改的现象。

地方公共政策如果稳定性太差，就会导致一系列问题，理应引起重视。一是导致政府权威削弱，政府公信力下降。政策变化过于频繁，就会使公众对政策丧失信任，丧失信心，影响政府权威和形象，甚至削弱政府的组织能力、协调能力。二是导致资源浪费，增加成本。公共政策的制定，需要成本；公共政策的宣传，需要成本；公共政策的执行，需要成本。公共政策如果经常变动，就会浪费社会各方面的资源，增加各种成本。三是导致政策效力下降，产生负面作用。由于公共政策反复变动，政策执行者也难以准确理解和把握，会对政策产生怀疑，政策执行中就会出现偏差，政策的效力被削弱，甚至产生负面作用。地方公共政策必须增强稳定性，避免频繁更改、反复变动。

治理污染、保护环境不是短期能见效的，不是一蹴而就的事情。地方环保政策因之与其他政策有所区别，更要强调稳定性、延续性。地方政府在制定环保政策时，要增强前瞻性、公开性，实行决策民主化、科学化。地方政府在进行决策时，要依据经济、社会发展规律，充分考虑当前实际情况和未来发展态势，保证政策具有前瞻性，在相对长的时间内不会落后于形势，从而减少政策变动的可能性。政府决策过程要尽量公开，充分听取社会公众的意见建议，重大决策还应该在媒体上公开征求意见，在公众中进行广泛讨论，让社会公众充分参与决策。这样出台的环保政策不仅质量会提高，稳定性会增强，而且会得到社会公众的认可和信任，执行起来效率会增加。日本琵琶湖治理中，滋贺县政府制定年度实施计划草案时，在报送日本国土交通省、环境省、农林水产省等相关省长官的同时，就抄送各有关地方机构，广泛公之于民众，征求和听取各方意见。在政府的年度计划的制订过程中，社会公众都能够充分表达意见，政府也采纳他们的合理建议。他们的成功经验，值得学习借鉴。

三、建立健全行业规范

企业归属于一定的行业，非营利组织往往依附于一定的行业，行业规范对企业、非营利组织具有引领、约束作用。行业规范是在特定行业内支配和约束其成员行为的一组规则。在社会生活中，行业规范引领行业成员的行为，协调行业成员与社会公众、政府部门的利益，使社会保持一定的秩序和稳定。行业规范在社会生活中普遍、长期存在，在处理社会利益关系中发挥着基础性作用。

（一）行业规范是基础性治理工具

随着社会主义市场经济体制的完善和市场经济程度的加深，各行各业企业发展逐渐步入规范化、法制化轨道，行业规范对企业的规范、约束作用日益增强。在市场经济条件下，行业规范对行业企业的重要性逐渐凸显，企业发展壮大离不开行业规范。企业管理内部事务，开展生产经营活动，谋求做大做强，必须依靠行业规范。

在社会自治范围逐渐扩大、政府职能转变加快的发展趋势下，非营利组织会越来越多。许多非营利组织立足于行业而建立，如各种各样的行业协会，具有确定行业规范的职能。非营利组织要参与社会公共事务，取得政府的支持、企业的帮助、公众的信任，同样必须依靠行业规范。

为了处理社会公共事务，多个治理主体要共同努力，协调配合。企业、非营利组织等治理主体尤其要依赖行业规范来管理内部事务、处理公共事务，生产、提供社会公共产品和公共服务。跨域治理面对的是复杂难解的社会公共事务和公共问题，企业、非营利组织是重要的跨域治理主体，而且数量多、覆盖范围广，对社会公众的影响大，行业规范由此成为跨域治理的基础性治理工具。

科学合理的行业规范，能够促进企业、非营利组织健康发展；缺乏行业规范的扶持帮助，企业、非营利组织难以发展壮大。由于非营利组织处于发展进程之中，企业作为跨域治理主体发挥作用也处于初始时期，由此建立健全行业规范显得重要而紧迫。没有建立行业规范的行业，随着行业成员数量的增加、行业影响的扩大，要加快建立行业规范的步伐。已经建立行业规范的行业，随着形势的发展变化，要及时对行业规范进行完善，使其适应新形势新需要。

（二）行业规范要增强公信力

从已有行业规范的作用效果看，一些行业规范成为行业成员的保护伞，为行业成员服务的多，为社会公众服务的少，存在公信力不足的问题。在建立健全行业规范的过程中，要着重增强行业规范的公信力，使其发挥应有的作用。

首先，行业规范要为行业成员提供服务，从行业道德、行业行为、行业标准等方面对行业成员进行明确规范。行业规范既要为行业成员的发展争取权利，也要约束行业成员的不法行为。其次，行业规范要符合政府的要求。行业规范要落实政府的产业行业政策，符合政府的行业标准，遵守政府的行业规定。最后，行业规范要保护社会公众的合法权益。无论是生产性行业还是经营性行业，在制定行业规范时都要充分考虑社会公众的利益，保护社会公众的合法权益。如果行业规范只保护行业成员的利益，不保护社会公众的合法权益，这样的行业规范就得不到社会公众的认可，其公信力就会大打折扣。

环保行业规范的内容协调，是环保行业制定行业规范时需要重点把握的问题。无论是环保行业的企业还是环保非营利组织，在进行行业规范设计时,必须充分听取政府公务人员、专家学者、社会公众的意见,保证行业规范内容遵守法律规章的规定,符合公共政策的要求,合乎社会公众的意愿。环保行业规范与其他行业的行业规范内容要协调一致,不存在相互矛盾、抵触的情况,不存在行业利益相互冲突的现象。这样,行业规范才便于实施,才可能取得实效。

(三)行业规范要执行有力

科学合理的内容设计,只能保证行业规范的设计质量,还不能保证行业规范的执行效果。行业规范要执行有力,才能取得良好的实际效果。从本书的逻辑构架上说,从比较权威性、强制性方面看,法律规章、公共政策的等级层次高于行业规范。行业规范能否取得实效,更多地取决于企业、非营利组织的自觉执行。如果执行不力,行业规范就会形同虚设。

环保行业规范要提升执行水平,必须依靠高素质的执行者队伍。要加强对执行者队伍的专业技术教育和职业道德教育,提升他们对环保行业规范的认同感,增强他们的环保知识水平和环保规范执行水平。执行者队伍要坚持一视同仁和公平、公正、公开的原则,排除"人情风"干扰,做到不徇私情,形成照章办事、按规范办事的工作氛围。

环保行业规范要提升执行水平,要发挥新闻舆论和社会公众的监督作用。在监督环保行业规范的执行方面,新闻传媒具有信息来源渠道广、传播速度快、社会受众多等优势,社会公众则具有直接接触、熟悉情况等优势。社会公众和新闻传媒对违反行业规范的行为进行批评、曝光,会产生强大的舆论压力,迫使相关责任者进行整改。充分发挥社会公众、新闻传媒的监督作用,对行业规范的执行情况进行及时、有效的监督,有利于提高行业规范的执行水平。

四、学习运用对话协商

"对话"、"协商",是当代社会生活中出现频率越来越高的词汇。根据《现代汉语词典》的解释,"对话"的本义是"两个或更多的人之间的谈话(多指小说或戏剧里的人物之间的)",引申义是"两方或几方之间的接触或谈判"。①"协商"的意思是"共同商量以便取得一致意见"②。为了处理社会公共事务，提供公共产品和公共服务，多个治理主体需要采取对话协商的方式方法，达成一致意见，形成治理合力。本书所谓"对话协商"，是指治理主体为了共同解决社会公共事务和公共问题，相互之间通过对话沟通情况，交换意见，平等协商，达成一致意见、共同遵照执行的一种行为。对话协商的表现形式大致有两种，一是书面协议，多用于正式场合，治理主体将协商成果以文字形式固定下来，如签订协议、协定、条约、合同等；二是口头协议，多用于非正式场合，协商成果未见诸文字，参与主体只是口头同意。无论是书面协议还是口头协议，都是治理主体的真实意思表达，具有同等法律效力。对话协商是跨域治理的一种新型工具。

（一）对话协商是全新性治理工具

作为一种治理工具，对话协商已经开始在当代社会生活中使用，其治理范围涉及政治、经济、文化、社会生活等领域，治理作用日益增强，治理效果日益显现。在政治生活领域，"政治协商"是广为人知的一种民主协商形式。在我国，政治协商指中国共产党和各民主党派以及无党派人士对国家和地方的政治、经济、文化以及社会生活中的重要问题所作的协商。中国人民政治协商会议是进行政治协商的一种重要组织形式。在经济生活领域，"工资集体协商"是企业与雇员就经济收入进行协商的一种形式。在社会生活领域，对话协商随处可见。比如，医院与病患者之间就医疗事故进行协商，交通事故中受害人与责任人之间就经济赔偿进行协商，消费者与经销商就商品质量事故进行协商，等等。正因为对话协商运用广泛，所涉事项可大可小，表现形式可以是书面协议也可以是口头协议，因此尚未引起广泛重视。实际上，对话协商在当代社会生

---

① 中国社会科学院语言研究所词典编辑室．现代汉语词典[M]．北京：商务印书馆，2005：345．

② 中国社会科学院语言研究所词典编辑室．现代汉语词典[M]．北京：商务印书馆，2005：1506．

活中已经成为一种不可或缺的治理工具。

对社会公众来说，对话协商这个治理工具尤其具有特殊意义。社会公众参与各种社会事务的重要方式，就是对话协商。建设服务型政府，提供优质高效的公共产品和服务，需要社会公众的广泛参与。政府提供什么样的服务，怎样提供服务，何时提供服务，都要以社会公众意愿作为第一价值取向。地方政府特别是基层政府，要及时了解和掌握公众所需所愿所盼，就必须经常运用对话协商工具。社会公众要运用对话协商工具，与政府、企业、非营利组织就共同关心的社会公共事务进行商量讨论，以期达成一致意见、采取一致行动。如果说政府可以运用法律规章、公共政策等多种治理工具，企业、非营利组织可以运用行业规范等治理工具的话，那么社会公众就需要更多地运用对话协商这个治理工具，才能取得良好治理效果。

国内外湖泊水污染防治实践证明，对话协商作为跨域治理的工具发挥了重要作用。美国和加拿大为了联合治理北美五大湖，就签署了《边界水条约》、《五大湖宪章》、《大湖水质协议》、《五大湖区—圣罗伦斯河盆地可持续水资源协议》等一系列条约、协议，五大湖周围两国的10个州、省也签订了一些协议。这些条约、协议，就是对话协商的产物，在联合行动中发挥重要作用。日本琵琶湖治理中，社会公众经常与企业团体开展交流，进行对话协商，督促企业加大环境保护投入，按照法定标准排放废水、废气、废物。国内水污染防治取得初步成效的地方，往往也是社会公众积极与地方政府部门、企业等进行对话协商比较多的地方。

（二）对话协商增进信任合作

对话协商作为一种全新的跨域治理工具，能够促进治理主体相互之间加深理解、增进信任、加强合作，在此基础上建立伙伴关系。治理主体要充分认识和深刻把握对话协商的重要性，在跨域治理实践中有效运用这个治理工具。

面对社会公众事务和共同议题，各个治理主体出于各自利益的考虑，观察问题的角度不会完全一致，解决问题的思路也不会完全一样。在对话协商过程中，各个治理主体平等相待，各自陈述观点、发表意见，其他治理主体就能够了解其立场、观点、方法，体谅其困难和隐忧，这是加深相互了解和理解的过程。对于各个治理主体提出的解决方案，相互进行比较分析，理性看待分歧，最大限度地寻求共识，最终达成一致意见。在反复对话、商量、探讨中，增进治理主体之间的信任。信任源于相互了解、相互理解，没有了解和理解，信任难以产生和持续。

治理主体在相互信任的基础上，各自让渡部分利益和权力，相互退让和妥协，达成一致行动方案，合作治理社会公共事务、提供公共产品和服务。对话协商达成的协议，都依赖治理主体的合作执行。由于治理主体之间经过对话协商已经增进了信任，合作执行的决心和力度就会更大，治理的效果就会更好。协议是多个治理主体共同达成的，是各个主体的真实意愿表达。因此，各个治理主体都有执行协议的积极性和主动性，也会从协议执行中收获成就感和荣誉感。如果某一治理主体执行不力，其他治理主体就会施加压力，迫使其忠实执行。

治理主体之间建立伙伴关系，能够促使跨域治理取得更好效果。伙伴关系的建立，基础就在于治理主体之间相互信任。对话协商促进治理主体之间的信任，也有利于伙伴关系的牢固建立和长期保持。在跨域社会公共事务日渐增多的时代，对话协商治理工具的重要性日益凸显。

（三）广泛运用对话协商工具

社会日益发展进步，对公共产品和公共服务的需求日益增多，跨域公共事务和公共问题也随之日益突出。对话协商作为跨域治理新工具，使用范围将进一步扩大，使用效果将进一步明显。把握对话协商的原则，规范对话协商的程序，掌握对话协商的策略，显得十分紧迫。

对话协商在比较宽松的环境和气氛中寻求解决公共事务和公共问题的方法和途径，需要遵守三条原则。一是平等原则。治理主体为了处理共同面临的社会事务而寻求治理之策，各方地位完全平等。任何治理主体都不能凭借势力，以强欺弱，以大压小，享有特权。各个治理主体平等地阐述观点发表意见，最后达成的协议是平等协商的产物。二是信任原则。治理主体通过对话沟通，彼此理解，相互体谅，建立信任。对话沟通期间，相互之间相信，每个主体都是充分、真实地表达意愿，不存在隐瞒、欺诈；协议达成之时，相互之间相信，每个主体都会尽心竭力地执行协议，不会弃之不顾。三是合作原则。治理主体既努力追求自身利益最大化，也充分考虑其他主体的权益，在适当程度上自愿地让渡部分权益，合作解决公共问题。如果某一主体只考虑自己的利益，固执己见，毫不让步，就会导致不欢而散，无法达成协议。

对话协商按照一定程序进行，才能取得良好效果。一般来说，对话协商需要四个程序。一是制订计划：明确对话协商的事项，议定我方的方案，预估其他主体的方案。二是充分准备：在什么时间、地点召开对话协商会议，预先确定；需要邀请哪些人参加会议，提前通知，并要求其认真准备；需要哪些材料，提前预备。三是召开会议：各个主体都要充分表达观点、陈述意见，涉及重大事项的要做好记录，维持会场秩序，调节会场气氛。如果当场能够达成协议最好，达不成协议的要留待以后再议，不能急于求成。再次对话协商时，仍然按照制订计划、充分准备、召开会议的程序进行。四是达成协议：经过一次或多次对话协商，能够达成协议的，尽量形成文字协议，由参与各方签署后生效。

进行对话协商的各个治理主体，掌握一些策略有利于争取主动。虽然各个治理主体的策略完全可以各不相同，但是熟练运用下面三个策略，可以免于被动。一是利益最大化策略。始终明确我方的核心利益，确保核心利益不受损害；尽量以较小的让步，换取较大的利益。二是多赢或双赢策略。对话协商的目的，是多方或双方都满意。在保证我方核心利益的前提下，要兼顾其他主体的利益目标，不能寸步不让。三是迂回前进策略。有时经过多次反复商谈，仍然达不到利益最大化，可以要求暂时休会，以便参与各方都冷静下来，进行审慎思考。有时参与各方对协议框架基本认可，但对具体条款仍然存在争议，就可以对容易达成共识的问题先谈，将争议大的问题放到后面再谈，达到全部问题逐步解决的目的。

本章小结

本章从跨域治理理论的视角出发，在借鉴国内外湖泊水污染防治实践经验的基础上，根据梁子湖水污染防治的实际情况，提出梁子湖水污染跨域防治的四条对策建议。

第一，树立多元治理理念。国内水污染防治实践证明，主要依靠政府采取自上而下的科层制治理措施，没有充分发挥企业、非营利组织、社会公众等治理主体的重要作用，治理效果并不理想。日本琵琶湖、北美五大湖治理之所以取得比较好的效果，是因为除了政府发挥主导作用外，还充分调动了非营利组织、社会公众等治理主体的积极性，形成了合作治理的良好局面。理论和事实都说明，对于跨域公共事务和公共问题，就要实行跨域治理。在梁子湖水污染防治中，各治理主体首先是地方政府要转变思想观念，树立多元治理理念，放弃单打独斗的惯性思维，与其他治理主体建立伙伴关系，综合运用多种治理工具，共同开展治理活动。

第二，培育跨域治理新主体。在梁子湖水污染防治中，要培育企业、非营利组织、社会公众等新治理主体。根据现实环境和社会情况，地方政府除了继续发挥作用外，还要积极支持企业、非营利组织、社会公众等治理主体发展；企业、非营利组织、社会公众等治理主体要抓住时机，加强自身建设，尽快成长壮大。

第三，建立伙伴关系。在梁子湖水污染治理实践中，地方政府要致力于与企业、非营利组织、社会公众建立伙伴关系，企业、非营利组织、社会公众等治理主体之间也要建立伙伴关系。通过多种伙伴关系的建立和持续，各个治理主体相互合作，既各司其职，发挥各自的独特优势和作用，又密切配合、协调行动，形成治理水污染的强大合力。

第四，综合运用多种治理工具。跨域治理有四种工具，即法律规章、公共政策、行业规范、对话协商。在梁子湖水污染防治实践中，应综合运用法律规章、公共政策、行业规范、对话协商这四种治理工具，把握各个治理工具的特点，发挥各个治理工具的优势，以期低成本高效率地实现治理水污染的目标。

结论与展望

本书的主要结论是：

1. 丰富完善了跨域治理理论：所谓跨域治理，是指为了应对跨区域、跨部门、跨领域的社会公共事务和公共问题，公共部门、私人部门、非营利组织、社会公众等治理主体在相互信任的基础上建立伙伴关系，综合运用法律规章、公共政策、行业规范、对话协商等治理工具，携手合作、协调配合，共同发挥治理作用的持续过程。

2. 湖泊水污染防治需要跨域治理理论指导：鉴于科层制治理和市场机制在水污染防治中虽然发挥了一定作用，但是同时存在"政府失灵"、"市场失灵"现象，仅仅依靠它们的作用，还不能解决湖泊水污染防治问题。运用跨域治理理论，多个治理主体合作行动，综合运用多种治理工具，才能取得良好治理效果。

3. 湖泊水污染防治效果不佳的重要原因是治理主体比较单一：单一依靠政府这个主体进行水污染治理，在短期内能够取得初步成效，但不能从根本上解决问题，治理效果不理想。

4. 国内外湖泊水污染防治效果良好的重要经验是多个治理主

体共同发挥作用：国内的太湖、巢湖、滇池，国外的日本琵琶湖、北美五大湖，其治理经验是发挥政府、非营利组织、社会公众等治理主体的作用，而且治理主体之间建立良好的合作关系。

5. 湖泊水污染防治要树立多元治理的理念：各治理主体首先是地方政府要转变思想观念，树立多元治理理念，放弃单打独斗的惯性思维，积极发挥企业、非营利组织、社会公众的作用，彼此协力合作，共同治理湖泊水污染。

6. 治理主体之间需要建立一种新型的伙伴关系：地方政府要与企业、非营利组织、社会公众建立伙伴关系，企业、非营利组织、社会公众等治理主体之间也要建立伙伴关系。

7. 跨域治理要综合运用四种治理工具：法律规章、公共政策、行业规范、对话协商。综合运用这四种治理工具，把握各个治理工具的特点，发挥各个治理工具的优势，以期低成本高效率地实现治理水污染的目标。

湖泊水污染防治是世界性难题。在未来的研究中，有三个问题值得长期关注：

一是巢湖治理的做法及其效果。2011年8月行政区划调整后，巢湖成为合肥市的"内湖"，同时成立巢湖管理局，统一负责巢湖规划、水利、环保和巢湖流域主要控制设施管理事务。由此，巢湖与滇池一样，都是省会城市的"内湖"，都有专门机构进行管理。巢湖将来的命运如何？巢湖水污染治理会不会照搬滇池的做法？应对此进行跟踪研究，以便给梁子湖水污染防治提供借鉴。

二是跨域水污染治理中地方政府的行为。梁子湖水污染防治实践中，地方政府居于主导地位，要求它与其他治理主体建立伙伴关系，实行起来需要一个过程。对于跨域治理中地方政府的理念、做法及其效果，应该持续进行观察。

三是跨域水污染治理对策的适用性。湖泊水污染防治问题可以从跨域治理的视角进行研究，其他社会公共事务同样可以从跨域治理的视角进行审视。本书的研究方法和结论，对解决其他跨域公共问题是否具有适用性，值得长期探究。

参考文献

一、中文著作

[1] 丁煌. 西方行政学说史 [M]. 武汉：武汉大学出版社，2004.

[2] 丁煌. 西方公共行政管理理论精要 [M]. 北京：中国人民大学出版社，2005.

[3] 丁煌. 行政学原理 [M]. 武汉：武汉大学出版社，2007.

[4] 俞可平. 治理与善治 [M]. 北京：社会科学文献出版社，2000.

[5] 林水波，李长晏. 跨域治理 [M]. 台北：五南图书出版股份有限公司，2005.

[6] 林水吉. 跨域治理——理论与个案研析 [M]. 台北：五南图书出版股份有限公司，2009.

[7] 史美强. 制度、网络与府际治理 [M]. 台北：元照出版公司，2005.

[8] 陈瑞莲等. 区域公共管理理论与实践研究 [M]. 北京：中国

社会科学出版社，2008.
- [9] 李兆华，孙大钟．梁子湖生态环境保护研究［M］．北京：科学出版社，2009.
- [10] 李兆华，张亚东．大冶湖水污染防治研究［M］．北京：科学出版社，2010.
- [11] 国家环境保护总局科技标准司．中国湖泊富营养化及其防治研究［M］．北京：中国环境科学出版社，2001.
- [12] 黄德春，华坚，周燕萍．长三角跨界水污染治理机制研究［M］．南京：南京大学出版社，2010.
- [13] 郭荣星．中国省级边界地区经济发展研究［M］．北京：海洋出版社，1993.
- [14] 庞金友．现代西方国家与社会关系理论［M］．北京：中国政法大学出版社，2006.
- [15] 黎民．公共管理学［M］．武汉：武汉大学出版社，2003.
- [16] 陈振明．公共管理———一种不同于传统行政管理学的研究途径［M］．北京：中国人民大学出版社，2003.
- [17] 陈振明．公共管理学［M］．北京：中国人民大学出版社，2005.
- [18] 夏书章．行政管理学［M］．广州：中山大学出版社，1998.
- [19] 顾平安．政府发展论［M］．北京：中国社会科学出版社，2005.
- [20] 谢庆奎．中国地方政府体制概论［M］．北京：中国广播电视出版社，1998.
- [21] 娄成武，孙萍．社区管理［M］．北京：高等教育出版社，2003.
- [22] 邓志伟．创新社会管理体制［M］．上海：上海社会科学出版社，2008.
- [23] 张康之．行政伦理的观念与视野［M］．北京：中国人民大学出版社，2008.
- [24] 刘亚平．当代中国地方政府间竞争［M］．北京：社会科学文献出版社，2007.

[25] 张紧跟. 当代中国政府间关系导论 [M]. 北京: 社会科学文献出版社, 2009.
[26] 王冬芳. 非政府组织与政府的合作机制: 公共危机的应对之道 [M]. 北京: 中国社会出版社, 2009.
[27] 黄德发. 政府治理范式的制度选择 [M]. 广州: 广东人民出版社, 2005.
[28] 马俊, 叶娟丽. 西方公共行政学理论前沿 [M]. 北京: 中国社会科学出版社, 2004.
[29] 唐娟. 政府治理论 [M]. 北京: 中国社会科学出版社, 2006.
[30] 孙柏瑛. 当代地方治理 [M]. 北京: 中国人民大学出版社, 2004.
[31] 张成福, 党秀云. 公共管理学 [M]. 北京: 中国人民大学出版社, 2002.
[32] 陈荣富. 公共管理学前沿问题研究 [M]. 哈尔滨: 黑龙江人民出版社, 2002.
[33] 吴锦良. 政府改革与第三部门发展 [M]. 北京: 中国社会科学出版社, 2001.
[34] 李维安. 网络组织: 组织发展新趋势 [M]. 北京: 经济科学出版社, 2003.
[35] 张璋. 理性与制度——政府治理工具的选择 [M]. 北京: 国家行政学院出版社, 2006.
[36] 郑杭生. 社会学概论新修 [M]. 北京: 中国人民大学出版社, 2003.
[37] 赵黎青. 非政府组织与可持续发展 [M]. 北京: 经济科学出版社, 1998.
[38] 孙辉. 城市公共物品供给中的政府与第三部门合作关系 [M]. 上海: 同济大学出版社, 2010.
[39] 李军鹏. 公共服务学 [M]. 北京: 国家行政学院出版社, 2007.
[40] 王沪宁, 竺乾威. 行政学导论 [M]. 上海: 上海三联书

店，1988.
[41] 胡象明．行政决策分析［M］．武汉：武汉大学出版社，1991.
[42] 费孝通．乡土中国 生育制度［M］．北京：北京大学出版社，1998.
[43] 陈东琪，银温泉．打破地方市场分割［M］．北京：中国计划出版社，2002.
[44] 梁漱溟．中国文化要义［M］．上海：上海人民出版社，2003.
[45] 陈秀山．现代竞争理论与竞争政策［M］．北京：商务印书馆，1997.
[46] 陈甬军．中国地区间市场封锁问题研究［M］．福州：福建人民出版社，1994.
[47] 郑也夫，彭泗清等．中国社会中的信任［M］．北京：中国城市出版社，2003.
[48] 刘玉，冯健．区域公共政策［M］．北京：中国人民大学出版社，2005.
[49] 叶海平，陶希东．大都市公共政策［M］．北京：北京大学出版社，2007.
[50] 郑也夫．信任论［M］．北京：中国广播电视出版社，2001.
[51] 林尚立．国内政府间关系［M］．杭州：浙江人民出版社，1998.
[52] 吴伟．公共物品有效提供的经济学分析［M］．北京：经济科学出版社，2008.
[53] 王绍光．分权的底线［M］．北京：中国计划出版社，1997.
[54] 王绍光，胡鞍钢．中国国家能力报告［M］．沈阳：辽宁人民出版社，1993.
[55] 张可云．区域大战与区域经济关系［M］．北京：民主与建设出版社，2001.

二、中文论文

[1] 丁煌、杨代福：政策执行过程中降低信息不对称的策略探讨 [J]．中国行政管理，2010（12）．

[2] 丁煌．当代西方公共行政理论的新发展——从公共管理到新公共服务 [J]．广东行政学院学报，2005（6）．

[3] 丁煌．政府的职责："服务"而非"掌舵"——《新公共服务：服务，而不是掌舵》评介 [J]．中国人民大学学报，2004（11）．

[4] 娄成武，于东山．西方国家跨界治理的内在动力、典型模式与实现路径 [J]．行政论坛，2011（1）．

[5] 马学广，王爱民，闫小培．从行政分权到跨域治理：我国地方政府治理方式变革研究 [J]．地理与地理信息科学，2008（1）．

[6] 马学广，王爱民，李红岩．城镇密集地区地方政府跨域治理研究——以中山市为例 [J]．热带地理，2008（2）．

[7] 孙友祥，安家骏．跨界治理视角下武汉城市圈区域合作制度的建构 [J]．中国行政管理，2008（8）．

[8] 王涵．浅析跨域治理中服务型地方政府功能优化问题 [J]．理论界，2009（8）．

[9] 马奔．危机管理中跨域治理的检视与改革之道：以汶川大地震为例 [A]．第三届"21世纪的公共管理：机遇与挑战"国际学术研讨会论文，2008．

[10] 李广斌，王勇．长江三角洲跨域治理的路径及其深化 [J]．经济问题探索，2009（5）．

[11] 孙友祥：区域基本公共服务均等化的跨界治理研究——基于武汉城市圈基本公共服务的实证分析 [J]．国家行政学院学报，2011（1）．

[12] 张志耀，贾劼．跨行政区环境污染产生的原因及防治对策 [J]．中国人口·资源与环境，2001（11）．

[13] 黎元生，胡熠．论水资源管理中的行政分割及其对策 [J]．

福建师范大学学报（哲学社会科学版），2004（4）．
- [14] 赵自芳．跨区域水污染的经济学分析［J］．技术经济，2006（3）．
- [15] 施祖麟，毕亮亮．我国跨行政区河流域水污染治理管理机制的研究——以江浙边界水污染治理为例［J］．中国人口·资源与环境，2007（3）．
- [16] 王文龙、唐德善．对中国跨区域水污染治理困境与出路的思考——经济学分析视角［J］．福建经济管理干部学院学报，2007（3）．
- [17] 曾文慧．流域越界污染规制：对中国跨省水污染的实证研究［J］．经济学（季刊），2008（2）．
- [18] 虞锡君．太湖流域跨界水污染的危害、成因及其防治［J］．中国人口·资源与环境，2008（1）．
- [19] 徐旭忠．跨界污染治理为何困难重重［N］．半月谈，2008（22）．
- [20] 赵来军，李旭，朱道立，李怀祖．流域跨界污染纠纷排污权交易调控模型研究［J］．系统工程学报，2005（4）．
- [21] 王金龙，马为民．关于流域生态补偿问题的研讨［J］．水土保持学报，2002（6）．
- [22] 秦丽杰，邱红．松辽流域水资源区域补偿对策研究［J］．自然资源学报，2005（1）．
- [23] 金蓉，石培基，王雪平．黑河流域生态补偿机制及效益评估研究［J］．人民黄河，2005（7）．
- [24] 李磊，杨道波．流域生态补偿若干问题研究［J］．山东科技大学学报（社会科学版），2006（1）．
- [25] 孙莉宁．安徽省流域生态补偿机制的探索与思考［J］．绿色视野，2006（2）．
- [26] 金正庆，孙泽生．生态补偿机制构建的一个分析框架——兼以流域污染治理为例［J］．中央财经大学学报，2008（1）．
- [27] 晓红，虞锡君．县域跨界水污染补偿机制在嘉兴市的探索

[J]．环境污染与防治，2009（4）．
- [28] 张紧跟，唐玉亮．流域治理中的政府间环境协作机制研究 [J]．公共管理学报，2007（3）．
- [29] 陈瑞莲，胡熠．我国流域区际生态补偿：依据、模式与机制 [J]．学术研究，2005（9）．
- [30] 周海炜，钟尉，唐震．我国跨界水污染治理的体制矛盾及其协商解决 [J]．华中师范大学学报．自然科学版，2006（2）．
- [31] 周海炜，范从林，陈岩．流域水污染防治中的水资源网络组织及其治理 [J]．水利水电科技进展，2010（8）．
- [32] 罗晓敏，李花，温桂珍．复合行政：跨区域公共事务治理新视角 [J]．法制与经济，2009（5）．
- [33] 杨新春，姚东．跨界水污染的地方政府合作治理研究 [J]．江南社会学院学报，2008（1）．
- [34] 易志斌，马晓明．论流域跨界水污染的府际合作治理机制 [J]．社会科学，2009（3）．
- [35] 王金南，吴悦颖，李云生．中国重点湖泊水污染防治基本思路 [J]．环境保护，2009（21）．
- [36] 汪易森．日本琵琶湖保护治理的基本思路评析 [J]．水利水电科技进展，2004（6）．
- [37] 童国庆．日本琵琶湖水污染治理对我国的启示 [J]．江苏纺织，2007（12A）．
- [38] 窦明，马军霞，胡彩虹．北美五大湖水环境保护经验分析 [J]．气象与环境科学，2007（2）．
- [39] 俞慰刚，杨絮．琵琶湖环境整治对太湖治理的启示——基于理念、过程和内容的思考 [J]．华东理工大学学报．社会科学版，2008（1）．
- [40] 杨国兵，段一平．洞庭湖水污染现状及防治对策 [J]．湖南水利水电，2007（2）．
- [41] 俞可平．治理理论与公共管理（笔谈）[J]．南京社会科学，2001（9）．

[42] 周俊. 公共治理——构建和谐社会的路径选择 [J]. 四川省委党校学报, 2005 (12).

[43] 杨龙. 地方政府合作的动力、过程与机制 [J]. 中国行政管理, 2008 (7).

[44] 叶裕民. 中国区际贸易冲突的形成机制与对策思路 [J]. 经济地理, 2000 (6).

[45] 朱德米. 地方政府与企业环境治理合作关系的形成——以太湖流域水污染防治为例 [J]. 上海行政学院学报, 2010 (1).

[46] 崔静. 企业的社会责任: 社会的共同责任 [J]. 江东论坛, 2007 (4).

[47] 谢方舟. 论环境保护与企业发展 [J]. 益阳职业技术学院学报, 2009 (2).

[48] 王名, 佟磊. NGO 在环保领域内的发展及作用 [J]. 环境保护, 2003 (5).

[49] 蔡定剑. 公众参与及其在中国的发展 [J]. 团结, 2009 (4).

[50] 陈晓济. 由冲突走向合作: 政府与非政府组织公共合作行政模式构建 [J]. 甘肃行政学院学报, 2007 (2).

[51] 李迎丰. 打击假冒伪劣需要法治与德治相结合 [J]. 求是, 2003 (23).

[52] 陈庆修. 诚信——市场经济的座右铭 [J]. 中国国情国力, 2003 (2).

[53] 王绍光, 刘欣. 信任的基础: 一种理性的解释 [J]. 社会学研究, 2002 (3).

[54] 杜振吉. 论诚信的社会保障体系 [J]. 云南民族大学学报. 哲学社会科学版, 2004 (1).

[55] 杨龙, 彭彦强. 理解中国地方政府合作 [J]. 政治学研究, 2009 (4).

[56] 周业安, 赵晓男. 地方政府竞争模式研究 [J]. 管理世界, 2002 (12).

[57] 季燕霞. 论我国地方政府间竞争的动态演变 [J]. 华东经济管理, 2001 (4).

[58] 王金南, 吴悦颖, 李云生. 中国重点湖泊水污染防治基本思路 [J]. 环境保护, 2009 (21).

[59] 宋国权. 一篙清水好发展 [J]. 求是, 2008 (23).

[60] 郭振仁. 滇池治理的核心任务与策略思考 [J]. 云南环境科学, 2003 (2).

[61] 张康之. 走向合作治理的历史进程 [J]. 湖南社会科学, 2006 (4).

[62] 张康之. 论合作 [J]. 南京大学学报, 2007 (5).

[63] 郑代良. 论国家与社会公共事务合作治理模式 [J]. 湖南科技学院学报, 2008 (7).

[64] 毕瑞峰. 论合作治理与地方政府间的关系重建 [J]. 广东行政学院学报, 2010 (1).

[65] 曾令发. 合作政府: 后新公共管理时代英国政府改革模式探析 [J]. 国家行政学院学报, 2008 (2).

[66] 谭英俊. 公共事务合作模式: 反思与探索 [J]. 贵州社会科学, 2009 (3).

[67] 赵蕾. 多元治理模式与 NGO 角色复位 [J]. 学术探索, 2004 (5).

[68] 陈瑞莲. 论区域公共管理研究的缘起与发展 [J]. 政治学研究, 2003 (4).

[69] 吴英明, 李锦智. 直辖市政府组织重组探讨 [J]. 中国行政评论, 1996 (2).

[70] 张紧跟. 组织间网络理论 [J]. 武汉大学学报. 社会科学版, 2003 (4).

[71] 鄞益奋. 网络治理: 公共管理的新框架 [J]. 公共管理学报, 2007 (1).

[72] 梁莹. 政府、市场与公民社会的良性互动 [J]. 公共管理学报, 2004 (4).

[73] 孙柏瑛. 当代政府治理变革中的制度设计与选择 [J]. 中国

行政管理，2002（1）．

[74] 姜晓萍．构建服务型政府进程中的公民参与［J］．社会科学研究，2007（4）．

[75] 马治海，姚烁．中国地方政府合作治理跨区域公共事务的制度设计［J］．经济视角，2009（11）．

[76] 赵永茂．台湾府际关系与跨域管理——文献回顾与策略途径初探［J］．政治科学论丛，2003（18）．

[77] 党秀云．公共治理的新策略：政府与第三部门的合作伙伴关系［J］．中国行政管理，2007（10）．

[78] 洪银兴．地方政府行为和中国经济的发展［J］．经济学家，1997（1）．

[79] 胡祥．近年来治理理论研究综述［J］．毛泽东邓小平理论，2005（3）．

[80] 汪向阳，胡春阳．治理：当代公共管理理论的新热点［J］．复旦学报，2000（4）．

[81] 胡宇．政府失灵及其政府功能的限度［J］．社会科学研究，2003（5）．

[82] 田凯．西方非营利组织理论评述［J］．中国行政管理，2003（6）．

[83] 赵永茂．地方政府组织设计与组织重组问题之探讨［J］．政治科学论丛，1997（8）．

[84] 王美文．和谐社会视阈下公共治理主体多样化互动模式探析［J］．中国行政管理，2009（3）．

[85] 梁莹．治理、善治与法治［J］．求是，2003（1）．

[86] 李挚萍．中国排污许可制度立法研究——兼谈环境保护基本制度之间协调［A］．"环境法治与建设和谐社会——2007年全国环境资源法学研讨会"论文集，2007．

[87] 沈文清，鄢帮有，刘梅影．莱茵河的前世 鄱阳湖的今生？［J］．环境保护，2009（4）．

[88] 许道然．组织信任之研究：一个整合性观点［J］．空大行政学报，2001（11）．

[89] 卓凯，殷存毅．区域合作的制度基础：跨界治理理论与欧盟经验［J］．财经研究，2007（1）．

[90] 杨俊．公共政策决策的系统分析方法［J］．领导科学，2007（8）．

[91] 陶希东．美加五大湖地区水质管理体制：经验与启示［J］．社会科学，2009（6）．

[92] 蒋蕾蕾．日本琵琶湖治理对我国公众参与环境保护的启示［J］．科技创新导报，2009（7）．

[93] 张超．我国跨界公共问题治理模式研究［J］．理论探讨，2007（6）．

[94] 赵来军，李旭，朱道立，李怀祖．流域跨界污染纠纷排污权交易调控模型研究［J］．系统工程学报，2005（4）．

[95] 刘亚平．对地方政府间竞争的理念反思［J］．人文杂志，2006（2）．

[96] 汪伟全，徐源．地方政府合作的现存问题及对策研究［J］．社会科学统一战线，2005（5）．

[97] 周业安，赵晓男．地方政府竞争模式研究［J］．管理世界，2003（1）．

[98] 谢庆奎．中国政府的府际关系研究［J］．北京大学学报，2000（1）．

[99] 王春福．公共产品多元治理模式的制度创新［J］．管理世界，2007（3）．

[100] 任志宏，赵细康．公共治理新模式与环境治理方式的创新［J］．学术研究，2006（9）．

[101] 马静，王秋静，韩青．日本琵琶湖治理的管理措施对太湖的启示［J］．水利经济，2005（6）．

[102] 黎元生，胡熠．论水资源管理中的行政分割及其对策［J］．福建师范大学学报，2004（4）．

三、外文译著

[1] ［美］珍妮特·V. 登哈特，罗伯特·B. 登哈特．新公共服

务：服务，而不是掌舵［M］．北京：中国人民大学出版社，2004．

［2］［美］埃莉诺·奥斯特罗姆．公共事物的治理之道［M］．上海：上海三联书店，2000．

［3］［美］迈克尔·麦金尼斯．多中心治道与发展［M］．上海：上海三联书店，2000．

［4］［美］E.S.萨瓦斯．民营化与公共部门的伙伴关系［M］．北京：中国人民大学出版社，2002．

［5］［澳］欧文·E.休斯．公共管理导论［M］．北京：中国人民大学出版社，2001．

［6］［美］迈克尔·麦金尼斯．多中心体制与地方公共经济［M］．上海：上海三联书店，2000．

［7］［美］斯蒂芬·戈德史密斯，威廉·D.埃格斯．网络化治理——公共部门的新形态［M］．北京：北京大学出版社，2005．

［8］［美］曼瑟尔·奥尔森．集体行动的逻辑［M］．上海：上海人民出版社，2003．

［9］［美］尼古拉斯·亨利．公共行政与公共事务［M］．北京：华夏出版社，2002．

［10］［美］詹姆斯·N.罗西瑙．没有政府的治理［M］．南昌：江西人民出版社，2001．

［11］［美］迈克尔·麦金尼斯．多中心体制与地方公共经济［M］．上海：上海三联书店，2000．

［12］［美］戴维·奥斯本，特德·盖布勒．改革政府——企业精神如何改革着公营部门［M］．上海：上海译文出版社，2006．

［13］［美］柯武刚，史漫飞．制度经济学［M］．上海：商务印书馆，2000．

［14］［美］威廉姆·A.尼斯坎南．官僚制与公共经济学［M］．北京：中国青年出版社，2004．

［15］［美］文森特·奥斯特罗姆．美国公共行政的思想危机

[M]．上海：上海三联书店，1999．
[16]［法］罗伯特·D. 帕特南．使民主运转起来［M］．南昌：江西人民出版社，2001．
[17]［美］弗雷德里克森．公共行政的精神［M］．北京：中国人民大学出版社，2003．
[18]［美］查尔斯·林德布罗姆．决策过程［M］．上海：上海译文出版社，1988．
[19]［美］弗朗西斯·福山．信任——社会美德与创造经济繁荣［M］．海口：海南出版社，2001．
[20]［美］巴伯．信任的逻辑与限度［M］．福州：福建人民出版社，1989．
[21]［美］赫伯特·西蒙．管理行为——管理组织决策过程的研究［M］．北京：北京经济学院出版社，1988．
[22]［德］马克斯·韦伯．儒教与道教［M］．北京：商务印书馆，1997．
[23]［日］乐师寺泰藏．公共决策［M］．北京：经济日报出版社，1992．
[24]［美］巴纳德．经理人员的职能［M］．北京：中国社会科学院出版社，1997．
[25]［美］彼得·M. 杰克逊．公共部门经济学前沿问题［M］．北京：中国税务出版社、北京滕图电子出版社，2000．
[26]［英］皮尤．组织理论精粹［M］．北京：中国人民大学出版社，1990．
[27]［美］丹尼斯·C. 缪勒．公共选择理论［M］．北京：中国社会科学出版社，1999．
[28]［美］道格拉斯·C. 诺斯．制度、制度变迁与经济绩效［M］．上海：上海三联书店、上海人民出版社，1996．
[29]［美］丹尼斯·缪勒．公共选择［M］．北京：商务印书馆，1992．
[30]［美］泰勒．科学管理原理［M］．北京：中国社会科学出版社，1984．

[31] ［意］罗伯特·D. 帕特南. 使民主运转起来［M］. 南昌：江西人民出版社，2001.

[32] ［美］F.J. 古德诺. 政治与行政［M］. 北京：华夏出版社，1987.

[33] ［德］齐美尔. 社会是如何可能的［M］. 桂林：广西师范大学出版社，2002.

四、学位论文

[1] 陈玉清. 跨界水污染治理模式的研究［D］. 浙江大学硕士学位论文，2009.

[2] 杨新春. 跨界水污染治理中的地方政府合作机制研究［D］. 苏州大学硕士学位论文，2008.

[3] 陈敏. 我国区域环境保护中的地方政府合作研究［D］. 苏州大学硕士学位论文，2007.

[4] 陈盼. 社会信任的建构：一种非营利组织的视角［D］. 武汉大学硕士学位论文，2005.

[5] 霍艳丽. 治理理论视野下的公共物品供给多元化［D］. 四川大学硕士学位论文，2006.

[6] 马治海. 中国地方政府合作治理跨区域公共事务研究［D］. 西北大学硕士学位论文，2007.

[7] 高开. 跨区域集群与地方政府合作及机制探析［D］. 浙江大学硕士学位论文，2010.

[8] 曾文慧. 越界水污染规制［D］. 复旦大学博士学位论文，2005.

[9] 霍荣棉. 基于相互依赖关系的信任及其对合作行为的影响［D］. 浙江大学博士学位论文，2009.

[10] 王雷. 合作的演化机制研究［D］. 浙江大学博士学位论文，2004.

五、报纸文章

[1] 欧亚，陈凌墨，王德华，高阳. 梁子湖报告［N］. 楚天都市

报，2010-03-25.
- [2] 陈莹莹. 国家环境保护"十二五"规划有望近期出台[N]. 中国证券报，2011-04-22.
- [3] 张新. 排污权交易在中国很有前途[N]. 中国环境报，2001-06-30.
- [4] 刘浩军，王成辉. 水污染成为"世界头号杀手"[N]. 工人日报，2004-10-03.
- [5] 梁欣，文欣. 梁子湖不幸被玷污 工业废水长驱直入[N]. 楚天都市报，2002-01-14.
- [6] 王树春，李海洋. 规模化畜禽养殖污染梁子湖受关注[N]. 湖北日报，2009-11-05.
- [7] 凌墨，叶宁，王德华等. 沉重的"梁子湖报告"引发热议[N]. 楚天都市报，2010-03-26.
- [8] 欧亚，陈凌墨. 建议梁子湖现在就申报中国湿地公园[N]. 楚天都市报，2010-03-27.
- [9] 欧亚，陈凌墨. 保卫梁子湖且看"他山之石"[N]. 楚天都市报，2010-03-28.
- [10] 欧亚，陈凌墨. 立法保护，不可重蹈滇池老路[N]. 楚天都市报，2010-03-29.
- [11] 欧亚，陈凌墨，王德华，高阳. 保护梁子湖 我们在行动[N]. 楚天都市报，2010-03-31.
- [12] 欧亚，陈凌墨，王德华.《梁子湖生态环保规划》呼之欲出[N]. 楚天都市报，2010-04-01.
- [13] 欧亚，陈凌墨，王德华. 省人大拟对梁子湖实行"一湖一法"[N]. 楚天都市报，2010-04-01.
- [14] 瞿凌云，董晓勋. 梁子湖：利益博弈下的救赎[N]. 长江日报，2009-04-13.
- [15] 冯劲松，高山. 梁子湖将成武汉市应急水源地 要求强制性保护[N]. 长江日报，2010-12-15.
- [16] 刘长松，李新龙. 梁子湖观察[N]. 湖北日报，2010-06-10.

[17] 刘长松，李新龙．梁子湖采访归来谈［N］．湖北日报，2010-06-19．

[18] 潘岳．告别"风暴"建设制度［N］．南方都市报，2007-11-09．

[19] 徐楚桥．三个2000亿，不诚信造成的损失太惊人［N］．楚天都市报，2011-04-22．

[20] 吴邦国．全国人民代表大会常务委员会工作报告［N］．人民日报，2011-03-19．

[21] 刘佑平，崔乃夫．纵谈中国公益之路［N］．公益时报，2004-01-24．

[22] 沈原，王烨．全省各地各部门积极行动整治太湖水污染［N］．扬子晚报，2007-07-09．

[23] 赵晓．浙江省召开太湖水污染防治会　六大措施治理杭嘉湖［N］．中国环境报，2007-06-29．

[24] 肖国强，朱润晔．浙江启动治理太湖流域水污染重大科技项目［N］．浙江日报，2007-07-19．

[25] 王增军，洪慧敏．浙江省治理太湖水污染　湖鲜一条街告别南太湖［N］．今日早报，2007-08-27．

[26] 徐玲英，陶克强．太湖流域水污染治理促嘉兴市水质持续改善［N］．嘉兴日报，2011-02-21．

[27] 赵晓，周颖．环太湖五市政协再商治污大计［N］．中国环境报，2010-07-01．

[28] 陈昆才，范利祥．巢湖污染综合治理方案将出　国开行承诺200亿贷款支持［N］．21世纪经济报道，2007-10-01．

[29] 李光明．望尽快批准巢湖流域水环境治理方案［N］．法制日报，2010-03-14．

[30] 潘骞．合肥市推动巢湖流域水环境治理　清水归巢幸福城［N］．中国环境报，2010-11-19．

[31] 朱昊．巢湖沿岸治理5月底完工［N］．合肥晚报，2011-05-23．

[32] 徐华．巢湖合肥两市共商巢湖综合治理大计［N］．安徽经

济报，2010-07-09.
[33] 余晓玲，强薇. 合肥经济圈人口资源环境论坛在肥召开 [N]. 合肥日报，2010-07-16.
[34] 魏娟，俞宝强. 巢湖治理"大旗"：合六巢联合扛起 [N]. 市场星报，2011-07-22.
[35] 卢斌. 都市膨胀带来治污困局 云南滇池已重病缠身 [N]. 南方都市报，2007-11-14.
[36] 赵岗. 力争滇池退出国家"三湖三河"重点污染治理名单 [N]. 云南日报，2011-05-07.
[37] 冯丽俐. 云南省人大常委会将审议12部法规 [N]. 昆明日报，2011-03-31.
[38] 王如君. 北美五大湖自我"洗肺" [N]. 环球时报，2001-10-26.
[39] 陈辅. 北美五大湖八州两省合作廿载 经济发展与环境保护双轮共进 [N]. 国际金融报，2003-12-15.
[40] 顾雷鸣，陆峰，李扬等. 全民动员，打赢太湖治理攻坚战 [N]. 新华日报，2007-07-09.
[41] 郄建荣：太湖管理条例送审稿被指治污目的不明 立法防治湖泊污染应摒弃部门利益 [N]. 法制日报，2011-07-21.
[42] 刘鸿志. 中国太湖和日本琵琶湖水污染防治状况比较 [N]. 中国环境报，2001-07-13.

六、网络文章

[1] 2010年中国环境状况公报. 国家环境保护部网站，http://www.zhb.gov.cn，2011-06-03.
[2] 湖北省水资源公报（2008年度）. 湖北省水利厅网站，http://www.hubeiwater.gov.cn，2009-11-26.
[3] 三鹿奶粉事件始末大盘点. 法律教育网，2009-02-05.
[4] 杜鹰副主任主持召开太湖流域水环境综合治理省部际联席会议第三次会议. 国家发改委网站，http://www.sdqc.gov.cn，2010-04-07.

[5] 太湖流域水环境综合治理省部际联席会议第四次会议在湖州召开. 传媒湖州网, http://www.hugd.com, 2011-04-02.
[6] 我省部署太湖流域水环境综合治理和蓝藻应对应急工作. 浙江省人民政府网站, http://www.zj.gov.cn, 2008-05-06.
[7] 浙江省人民政府办公厅关于成立浙江省太湖流域水环境综合治理领导小组的通知. 浙江省人民政府网站, http://www.zj.gov.cn, 2008-06-02.
[8] 陈菲. 国务院拟出台条例治理 太湖水污染防治面临四问题, 新华网, http://www.xinhuanet.com, 2010-06-03.
[9] 杨玉华, 蔡敏. 安徽宣布撤销地级巢湖市 原辖区县"一分为三"划归合马芜三市. 新华网, http://www.xinhuanet.com, 2011-08-22.
[10]《巢湖流域水污染防治条例》修订立项论证会召开. 安徽省环境保护宣传教育中心网站, http://www.aepb.gov.cn, 2010-12-24.
[11] 治理大事记（1972—1999）. 新华网云南频道, http://www.yn.xinhuanet.com, 2010-10-08.
[12] 科学治污见成效 滇池水环境得改善. 水世界网站, http://www.chinacitywater.org, 2011-07-14.
[13]《云南省滇池保护条例（草案）》公开征求意见. 云南省政府法制信息网, http://www.zffz.yn.gov.cn, 2009-11-12.
[14] 铁腕治污 坚持环保"七个优先"——滇池流域水环境综合治理工作会议召开, 国家环境保护部网站, http://www.zhb.gov.cn, 2008-04-02.
[15] "滇池卫士"张正祥坚守32年 妻离子散报复不断. 中国江苏网, http://www.jschina.com.cn, 2011-02-14.
[16] 美国：研究小组要求制定新的五大湖水资源政策. 水信息网, http://www.hwcc.com.cn, 2006-12-11.
[17] 美加签署协议 保护五大湖免于干涸. 水信息网, http://www.hwcc.com.cn, 2006-05-26.
[18] 黄炳元. 试论环保非政府组织（NGO）在我国的转型变化和

未来作用. 杭州志愿者论坛, http: //bbs. hzva. org, 2005-11-20.

[19] 顾瑞珍, 王丽. 我国环境保护环保政策法规仍存在四大"软肋". 新华网, http: //www. xinhuanet. com, 2006-12-13.

[20] 翟勇. 对修改后水污染防治法结构及主要内容的理解. 中国人大网, http: //www. npc. gov. cn, 2009-09-27.

[21] 姚芃. 太湖流域管理条例重点突出特点鲜明问责明晰. 法制网, http: //www. legaldaily. com. cn, 2011-10-09.

七、英文著作及期刊论文

[1] W. Baumol, W. Oates: "The Use of Standards and Prices for Protection of the Environment", *Swedish Journal of Economics*, 1971(3).

[2] Tognetti Sylvia: *Creating Incentives for River Basin Management as a Conservation Strategy: A Survey of the Literature and Existing Initiatives*, Washington, D. C. , US, 2001.

[3] Commission on Global Governance: *Our Global Neighborhood*, Oxford: Oxford Universty Press, 1995.

[4] R. A. W. Rhodes: "The New Governance: Governing Without Government", *political studies*, 1996(44).

[5] V. Lowndes: "Change in Public Service Management: New Institutions and New Managerial Regimes", *Local Government Studies*, 1997.

[6] T. Taillieu: *Collaborative Strategies and Multi-organizational Partnerships*, Leuven: Garant Publicaiton, 2001.

[7] S. K. White: *The Recent Work of Jurgen Habermas: Reason, Justice and Modernity*, Cambridge: Cambridge University Press, 1988.

[8] D. Bailey, K. M. Koney: *Strategic Alliances among Health and Human Services Organizations*, Thousand Oaks: Sage, 2000.

[9] Marks G.; Hooghe L.; Blank K.: "European Integration from the 1980s: State. Centric v. Multi. level Governance", *Journal of Common Market Studies*, 1996(3).

[10] K. Hogg: "Marking a Difference: Effective Implementation of Cross-Cutting Policy", *A Scottish Executive Policy Unit Review Journal*, 2000(7).

[11] James McGregor Burns: *Leadership*, New York: Harper & Row, 1978.

[12] Jeffrey S. Luke: *Catalytic Leadership*, San Francisco: Jossey-Bass Publishers, 1998.

[13] Robert B. Denhardt, Janet V. Robert: *the New Public Service: Serving, not Stering*, New York: M. E. Sharpe, 2003.

[14] Robert Leach, Janie Percy Smith: *Local Governance in Britain*, New York: Palgrave, 2001.

[15] Robort Wuthnow. *Between states and Markets: the voluntary Sector in comparative Perspective*, Princeton, N. J. Princeton press, 1991.

[16] D. Kettle, Sharing Power: *Public Governance and Private Markets*, Washington, D. C.; Brookings Instiru, 1993.

[17] Chris Ansell, Alison Gash: "Collaborative Governance in Theory and Practice", *Journal of Public Administration Research and Theory*. Lawrence: Oct 2008.

[18] Provan, Keith G. & Kenis Patrick: "Modes of Network Governance: Structure, Management, and Effectiveness", *Journal of Public Administration Research and Theory*, 2008.

[19] Thomas R. Dye: *American Federalism: Competition among Governments*. Lexington, MA: Lexington Books, 1990.

[20] William A. Niskanen: *Bureaucracy and Representation Government*. Chicago: Aldine, Atherton, 1971.

[21] David Osborne: *Laboraties of Democracy*. Boston: Harvard Business School Press, 1988.

[22] Alberto Agra: *Policy Lapses on Local Autonomy*, World Bank Working Papers, 1998.

[23] James M. Buchanan: "Federalism as an Ideal Political Order and an Objective foe Constitutional Reform, Publius": *The Journal of*

Federalism,1995.

[24] Daphne A. Kenyon: "Theories of Interjurisdictional Competition", *New England Economic Review*, March/April,1997.

[25] Abrahause: *Change without pain*, Boston, MA: Harvard Business School Press,2004.

[26] W. Barbera: *Achieving Success through Social Capital*, San Francisco: Jossey-Bass,2000.

[27] Bernard M. Bass: *Stodgill's Handbook of Leadership: Theory, Research, and Managerial Application*, 3rd ed., New York: The Free Press,1990.

[28] Ian Bache & Mathew Flinders eds: *Multi-level Governance*, UK: Oxford,2005.

[29] J. Edwin Benton & David R. Morgan ed.: *Intergovernmental Relation and Public Policy*. New York: Greenwood Press,1986.

[30] Kenneth N. Bicker and T Williams John: *Public policy Analysis: A Political Economic Approach*, Boston: MA. 2001.

[31] L. M. Bingham, T. Nabatchi and R. O eary: "The New Governance: Practices and Processes for stakeholder and Citizen Participation in the Work of Government?", *Public Administration Review*, 2005 (5).

[32] A. Birch: *Public Participation in Local Government: A Survey of Local Authority*, London: ODPM,2002.

[33] John M. Bryson, Barber Crosby: *Leadership for the Common Good*, San Francisco: Jossey Bass,1992.

[34] L. M. Salamon: "Rethinking Public Management: Third-Party Government and Changing Forms of Government Action", *Public Policy*,1981(3).

[35] A. L. Campbell: *How Policies Make Citizens*, Princeton, Princeton University Press,2003.

[36] S. R. Covey: *Principle-centered Leadership*, New York: Simon and Schuster,1992.

[37] M. Demers: *Government and Governance*, Ottawa: Canadian Centre for Management Development, 1998.

[38] B. Denters, Lawrence E. Rose: *Comparing Local Governance: Trends and Developments*. London: Palgrave, 2005.

[39] Thomas R. Dye: *Understanding public policy*. Upper Saddle River, N. J. : Prentice Hall, 2002.

[40] H. G. Frederickson: "Public Administration and Social Equity", *Public Administration Review*, 1990(2).

[41] C. T. Goodsell: "A New Vision for Public Administration", *Public Administration Review*, 2006(4).

[42] Robert J. Gregory: "Social Capital Theory and Administrative Reform: Maintaining Ethical Probity Service", *Public Administrative Review*, 1999(1).

[42] K. Hogg: "Making a Difference: Effective Implementation of Cross-Cuting Policy", *A Scottish Executive Policy Unit Review Journal*, 2000 (1).

[44] Bob Jessop: "The Rise of Governance and the risks of Failure: the Case of Economic Development", *International Social Science Journal*, 1998(1).

[45] G. Jordan: "Sub-governance, Policy Communities and Networks", *Journal of Theoretical Politics*, 1990(2).

[46] Donald Kettle: "The Transformation of Governance: Globalization, Devolution, and the Role of Government", *Public Administration Review*, 2000(6).

[47] David A. Kolb: *Experiential Learning*, Englewood Cliffs, NJ: Prentice Hall, 1984.

[48] Jan Kooiman: *Modern Government: New Government-Society Interactions*, Newbury Park, CA: Sage, 1992.

[49] Robert Leach, Janie Percy-Smith: *Local Governance in Britain*, Palgarve Publishers Ltd, 2001.

[50] A. Leftwich: "Governance, the States and the Politics of

Development", *Development and Change*, 1994(25).

[51] Robert W. Lovan, Michael Murray, Roneds Shaffer: *Participating Governance Planning, Conflict Mediation and Public Design-Making in Civil Society*, Burlington: Ash-gate, 2004.

[52] V. Lowndes: "Change in Public Service Management: New Institutions and New Managerial Regimes", *Local Government Studies*, 1997(2).

[53] V. Lowndes, G. Stoker, L. Pratchett, L. Wilson, S. Leach and M. Winfield: *Enhancing Public Participation in Local Government: A Research Report*, London: DETR, 1998.

[54] M. Minogue, C. Polidano and D. Hulme eds. : *Beyond the Public Management: Changing Ideas and Practice in Governance*, Cheltenham: UK. , 2000.

[55] J. D. Montgomery: "Social Capital as a Policy Resource", *Policy Science*, 2000(33).

[56] M. Macaulay, A. Lawton: "From Virtue to Competence: Changing the Principles of Public Service", *Public Administration Review*, 2006(5).

[57] K. Meier: Politics and the Bureaucracy: *Policy Making in the Fourth Branch of Government*, New York: Harcourt College Publishers, 2000.

[58] J. Newman: *Modernising Governance: New Labor, Policy and Society*. London: Sage, 2001.

[59] R. O eary, Lisa B. Bingham eds. : *The Promise and Performance of Environmental Conflict Resolution*. Washington, DC: Resource for the Future Press, 2003.

[60] G. Stoker: "Governance as Theory: Five Propositions", *International Social Science Journal*, 1997(115).

[61] W. Parsons: *Public Policy: An Introduction to Theory and Practice of Policy Analysis*. Brookfield, Vermont: Edward Elgar Publishing Company, 1995.

[62] Perri, 6: *Joined-up Government in the Western World in Comparative Perspective: a Preliminary Literature Review and Exploration*, University of Birmingham, Birmingham, 2003.

[63] B. Guy Peters: "Policy Instruction and Public Management: Bridging the Gaps", *Journal of Public Administration Research and Theory*, 2000(1).

[64] John Pierre, B. Guy Peters: *Multi-level Governance: A Faustian Bargain*, Conference on Multi-Level Governance, Scheffield, 2001.

[65] D. H. Rosenbloom: *Building a Legislative-Centered Public Administration: Congress and the Administrative State 1946-1999*. Tuscaloosa: University of Alabama Press, 2000.

[66] J. A. Rohr: *Ethics for Bureaucrats: An Essay on Law and Values*. New York: Marcel Dekker, Inc, 1989.

后 记

　　本书是在同名博士学位论文基础上修改而形成的。学位论文的写作，得到了导师武汉大学政治与公共管理学院副院长丁煌教授的悉心指导，得到了政治与公共管理学院特别是行政管理专业诸位老师的大力帮助，在此深表谢意！

　　我们正处于公共问题日益增多的社会，许多公共问题具有跨区域、跨部门、跨领域的特点，呈现出复杂性、艰巨性、持续性。为解决这些公共问题，不同的学者从不同的视角作出了有益的探索。本书主要采用案例研究方法，以梁子湖水污染防治为分析样本，从实证方面对跨域治理理论进行验证，希望研究结论能够为解决同类公共问题提供借鉴。本书认为，解决跨域公共问题，必须树立多元治理理念，积极培育治理新主体，建立治理主体伙伴关系，综合运用多种治理工具。

　　本书的不足之处，恳请读者批评指正。我深知，在学术研究的道路上只有逗号，没有句号。我将以此为新起点，怀着感恩之心、感激之情、感动之力，继续努力前行。

作　者
2012 年 10 月 1 日